Certificação florestal na indústria

APLICAÇÃO PRÁTICA DA CERTIFICAÇÃO DE CADEIA DE CUSTÓDIA

série
SUSTENTABILIDADE

Arlindo Philippi Jr
COORDENADOR

Certificação florestal na indústria

APLICAÇÃO PRÁTICA DA CERTIFICAÇÃO DE CADEIA DE CUSTÓDIA

Ricardo Ribeiro Alves
Doutor em Ciência Florestal e professor da
Universidade Federal do Pampa

Laércio Antônio Gonçalves Jacovine
Doutor em Ciência Florestal e professor da
Universidade Federal de Viçosa

Manole

Copyright © Editora Manole Ltda., 2015, por meio de contrato com os autores.

Editor gestor: Walter Luiz Coutinho
Editora responsável: Ana Maria da Silva Hosaka
Produção editorial: Marília Courbassier Paris,
Rodrigo de Oliveira Silva, Amanda Fabbro
Editora de arte: Deborah Sayuri Takaishi
Projeto gráfico, capa e diagramação:
Acqua Estúdio Gráfico
Ilustrações: Ricardo Ribeiro Alves (concepção);
Leonardo Gomes Barros (arte)

Conselho editorial consultivo:
Andrea Valéria Steil (UFSC), Angela Maria Magosso Takayanagui (USP), Antonio José da Silva Neto (UERJ), Carlos Alberto Cioce Sampaio (PUC-PR), Gilda Collet Bruna (UPM), Maria Carmen Lemos (Umich), Maria do Carmo Sobral (UFPE), Mary Lobas de Castro (FMU), Paula Santana (UCoimbra), Roberto Pacheco (UFSC), Sérgio Roberto Martins (UFFS), Sonia Maria Viggiani Coutinho (FOPROP), Stephan Tomerius (UTrier), Tania Fischer (UFBA), Valdir Fernandes (UP)

Dados Internacionais de Catalogação na Publicação (CIP)
(Câmara Brasileira do Livro, SP, Brasil)

Alves, Ricardo Ribeiro
Certificação florestal na indústria : aplicação prática da certificação de cadeia de custódia / Ricardo Ribeiro Alves, Laércio Antônio Gonçalves Jacovine. -- Barueri, SP : Manole, 2015. -- (Série sustentabilidade / coordenador Arlindo Philippi Jr)

Bibliografia.
ISBN 978-85-204-3988-3

1. Certificação florestal 2. Indústria de móveis 3. Madeira - Brasil 4. Madeira - Utilização 5. Responsabilidade social empresarial 6. Sustentabilidade I. Jacovine, Laércio Antônio Gonçalves. II. Philippi Junior, Arlindo. III. Título. IV. Série.

14-10257   CDD-658.408

Índices para catálogo sistemático:
1. Certificação florestal : Responsabilidade empresarial : Administração   658.408

Todos os direitos reservados.
Nenhuma parte deste livro poderá ser reproduzida, por qualquer processo, sem a permissão expressa dos editores. É proibida a reprodução por xerox.

A Editora Manole é filiada à ABDR – Associação Brasileira de Direitos Reprográficos.

1ª edição – 2015

Editora Manole Ltda.
Av. Ceci, 672 – Tamboré
06460-120 – Barueri – SP – Brasil
Tel.: (11) 4196-6000 – Fax: (11) 4196-6021
www.manole.com.br
info@manole.com.br

Impresso no Brasil
Printed in Brazil

Sumário

SOBRE OS AUTORES | **IX**

PREFÁCIO | **XI**

INTRODUÇÃO | **XIII**

PARTE 1 | **CERTIFICAÇÃO FLORESTAL NA INDÚSTRIA** | **1**

CAPÍTULO 1 | **Responsabilidade social e ambiental das empresas** | **3**

3 Introdução | **4** Responsabilidade social empresarial | **5** Produtos verdes como parte da estratégia das empresas | **8** Papel das certificações de cunho ambiental | **10** Exercícios

CAPÍTULO 2 | **Certificação florestal** | **11**

11 Introdução | **11** Origem da certificação florestal | **13** Sistemas de certificação florestal | **18** Modalidades de certificação florestal | **20** Importância da certificação na conservação das florestas | **21** Exercícios

CAPÍTULO 3 | **Certificação florestal no setor industrial: a indústria moveleira como exemplo** | **23**

23 Introdução | **23** Indústria moveleira |**25** Aplicabilidade da certificação florestal na indústria moveleira | **26** Panorama da

certificação florestal na indústria moveleira do Brasil | **28** Desafios
para o crescimento do mercado de móveis certificados | **31** Exercícios

PARTE 2 | IMPLEMENTAÇÃO DA CERTIFICAÇÃO FLORESTAL NA INDÚSTRIA | 33

CAPÍTULO 4 | Guia para implementação da certificação florestal na indústria | 35

35 Introdução | **36** Elaboração do manual de cadeia de custódia | **42** Controle do saldo de material certificado e de material de origem controlada (geração e abatimento de crédito) | **43** Controle dos fatores de conversão | **43** Exercícios

CAPÍTULO 5 | Aplicação prática da implementação da certificação florestal na indústria | 45

45 Introdução | **46** Elaboração do manual de cadeia de custódia na prática | **72** Controle do saldo de material certificado e de material de origem controlada (geração e abatimento do crédito) na prática | **79** Controle dos fatores de conversão na prática | **82** Auditoria de certificação de cadeia de custódia, cumprimento das não conformidades e aprovação e registro da certificação | **83** Utilização da certificação FSC no marketing ambiental da empresa | **85** Aspectos importantes a serem observados pelas empresas que desejam obter a certificação florestal | **86** Exercícios

PARTE 3 | IMPACTO DOS INVESTIMENTOS DA CERTIFICAÇÃO FLORESTAL NOS INDICADORES ECONÔMICOS | 89

CAPÍTULO 6 | Custos da certificação florestal na indústria | 91

91 Introdução | **92** Custo da hora de trabalho dos empregados | **93** Custo de preparação para a certificação | **95** Custo total de preparação para a certificação | **96** Custo de contratação da auditoria de certificação | **97** Custo de manutenção da certificação | **100** Exercícios

Sumário | VII

CAPÍTULO 7 | **Simulação de cenários econômicos na indústria certificada** | 101

101 Introdução | **101** Avaliação das receitas para cobrir os custos da certificação | **104** Definição dos cenários econômicos | **104** Cenário I – Custo básico da certificação | **106** Cenário II – Custo intermediário da certificação | **107** Cenário III – Custo da certificação considerando-se todos os custos apurados | **109** Considerações sobre a análise dos cenários estudados | **110** Simulação dos três cenários nas linhas certificadas da empresa | **120** Aspectos importantes a serem observados pelas empresas que desejam obter a certificação florestal | **121** Exercícios

CONSIDERAÇÕES FINAIS | **123**

REFERÊNCIAS | **125**

ÍNDICE REMISSIVO | **129**

Sobre os autores

Ricardo Ribeiro Alves

Administrador, mestre e doutor em Ciência Florestal pela Universidade Federal de Viçosa (UFV). Professor da Universidade Federal do Pampa (Unipampa). Atua na área de sustentabilidade empresarial, com foco em pesquisas relacionadas ao comportamento do consumidor, mercado e consumo verde, marketing ambiental, estratégia e vantagem competitiva para produtos ambientalmente responsáveis, logística reversa, marcas e selos verdes, certificação de gestão ambiental e certificação florestal. Autor de diversos livros, entre os quais *Consumo verde – comportamento do consumidor responsável*, *Empresas verdes – estratégia e vantagem competitiva* e *Marketing verde – estratégias para o desenvolvimento da qualidade ambiental nos produtos*.

E-mail: ricardoalves@unipampa.edu.br

Laércio Antônio Gonçalves Jacovine

Engenheiro florestal, mestre e doutor em Ciência Florestal pela Universidade Federal de Viçosa (UFV). É professor do Departamento de Engenharia Florestal dessa universidade. Atua na área de economia ambiental, com foco em pesquisas relacionadas a serviços ambientais, fixação de carbono pelas florestas e certificação florestal. Autor de diversos livros, entre os quais *Gestão e controle da qualidade na atividade florestal*, *Ferramentas da qualidade*

– aplicação na atividade florestal e economia florestal, Consumo verde – comportamento do consumidor responsável e Empresas verdes – estratégia e vantagem competitiva.

E-mail: jacovine@ufv.br

Prefácio

Agradeço a oportunidade de escrever este prefácio, entendendo que a função de tal é incentivar a leitura do livro. Deparando-me pela primeira vez com o Sumário, enxerguei um desafio no convite dos autores porque, fundamentalmente, trata-se de um livro sobre administração. Quando um livro "ambiental" se dedica ao ordenamento gerencial e não a desastres ecológicos e outros lances infelizes, corre o risco de não ser atraente!

Quero declarar a todos os leitores em potencial que este livro não tem nada desse desalento! Ao contrário, é um verdadeiro manual de sobrevivência para indústrias que lidam com insumos florestais – especialmente a manufatura de móveis – num mundo cada vez mais ambientalmente consciente.

Em que estou baseando essa afirmação?

O apelo de um móvel é muito ligado a como as pessoas gostariam de se relacionar harmoniosamente com seu "habitat" de todos os dias, principalmente seu lugar de residência ou de trabalho. Os móveis têm uma grande influência sobre a funcionalidade de uma casa ou escritório. Um bom design permite que as pessoas usufruam de tal funcionalidade da forma mais bonita e eficiente possível.

Criar um design de móvel é a geração de um projeto que consiga adequar a forma ou estrutura da peça à sua função e vice-versa. É um produto que, posto em exposição, gera harmonia aos olhos e ao tato do comprador em potencial porque ele se identifica, pessoalmente, com o móvel.

Normalmente, essa harmonia é sentida somente quando a percepção do design do produto é balizada por limites reais. No passado, essas eram, principalmente, restrições de ordem física e financeira. A compra do móvel tinha que se encaixar não somente dentro do orçamento familiar ou empresarial, mas gerar também confiança na sua durabilidade. Sem esse balizamento, um projeto concebido sem restrições da vida real se torna uma peça desconcertante na psique do cliente; em boa consciência ele não deve, ou pode, comprá-la!

Agora, apareceu um novo componente na psique do comprador: a necessidade, e a vontade, de atender às questões ambientais cada vez mais óbvias. E, em consequência dessa nova exigência, aí está surgindo uma nova harmonia no design moveleiro do Brasil: a questão ambiental, quando bem incorporada no produto, agrada também ao cliente.

A incorporação desse novo limite, como descrita pelos autores Ricardo Ribeiro Alves e Laércio Antônio Gonçalves Jacovine, em vez de ser maçante, acaba balizando positivamente todo o setor. A questão ambiental entendida assim resulta na criação de um produto superior e mais competitivo.

Parece-me este o caminho que o livro *Certificação Florestal na Indústria* está nos ensinando: a aplicação prática da certificação de cadeia de custódia. Os padrões e procedimentos de gestão ambiental como apresentados aqui, são as forças matrizes da criatividade empresarial. O resultado é uma verdadeira sinergia, colhendo benefícios socioeconômicos para setores produtivos com conexões florestais, satisfazendo a clientela com bons produtos e ainda promovendo a proteção ambiental.

James Jackson Griffith
Professor Titular
Departamento de Engenharia Florestal
Universidade Federal de Viçosa

Introdução

As empresas estão percebendo que chegou uma nova era, na qual o seu papel na sociedade é colocado em cheque. Isso se traduz em questionamentos acerca da maneira como é extraída e comprada a matéria-prima utilizada na fabricação de seus produtos; a respeito da geração de resíduos de sua produção; em relação aos "parceiros", como empregados, fornecedores, clientes e governo; e no seu compromisso para com o planeta, repensando produtos e serviços que minimizem os danos ao meio ambiente.

A atuação responsável social e ambientalmente de algumas empresas tem efeito multiplicador e acaba forçando outras a atuarem da mesma maneira, sob pena de perderem importantes parcelas de mercado. Esse "mimetismo" pode resultar em melhoria no desempenho ambiental do setor produtivo como um todo. No setor florestal, isso tem acontecido e algumas empresas já disponibilizam os chamados "produtos verdes" no mercado. Para diferenciar esses produtos, a certificação florestal tem sido o principal instrumento utilizado.

Na certificação florestal é necessário que a empresa certifique a sua unidade de manejo florestal (floresta nativa ou plantada) e também toda a cadeia do produto até chegar ao consumidor. Em relação à certificação de cadeia de custódia (*chain-of-custody* – CoC), várias indústrias ligadas ao setor florestal já obtiveram a certificação de seus produtos, incluindo os papéis de impressão e de embalagens. Uma das indústrias de base florestal que têm começado a despertar para a certificação de cadeia de custódia, por exemplo, é a indústria moveleira.

A globalização e a consequente abertura da economia brasileira, no início da década de 1990, fizeram com que o país alcançasse sucessivos superávits em sua balança comercial. Tal fato originou-se da organização de vários setores produtivos da economia nacional com vistas à exportação, como é o caso do setor florestal e, em particular, das indústrias moveleiras.

As exportações brasileiras dessas indústrias alcançaram, em 2002, a cifra de US$ 533 milhões. Nos anos subsequentes, os valores foram ainda maiores: em 2003, US$ 662 milhões; em 2004, US$ 941 milhões; e em 2005, US$ 991 milhões. Com a crise econômica mundial, a partir de 2008, as exportações recuaram e atingiram o montante de US$ 763 milhões em 2011. Mesmo com esses resultados, que indicam a expressividade da exportação de móveis do mercado brasileiro, o país ainda ocupa posição bem discreta no mercado mundial quando comparado, por exemplo, com países como a Itália (Abimóvel, 2006; Alves, 2005; Movergs, 2012).

Considera-se que a produção moveleira no Brasil ainda dispõe de um grande potencial, haja vista as condições especiais de que o país dispõe: condições propícias para a plantação de florestas renováveis (principalmente pinus e eucalipto), atendendo aos anseios dos consumidores mundiais que desejam a conservação das florestas nativas do planeta; alta produtividade de madeira nas florestas renováveis, sobretudo o pinus e o eucalipto, fruto de pesquisas relacionadas em especial ao melhoramento genético, desenvolvimento da clonagem, adoção de melhores técnicas silviculturais e investimentos na nutrição da floresta; surgimento de centros de formação de mão de obra para a indústria moveleira que, aliados à aquisição de modernas máquinas, têm auxiliado na otimização da produção; apesar de ainda ser incipiente, tem-se desenvolvido aos poucos um *design* próprio para os móveis nacionais; grande potencial empreendedor que o país possui, fato já reconhecido em todo o mundo (Gorini, 1999).

Para alcançar o objetivo de conseguir uma maior fatia do mercado mundial de móveis, o Brasil precisa explorar mais os pontos fortes citados anteriormente e desenvolver vantagens competitivas para os seus produtos. Uma das formas possíveis seria agregar valor de imagem aos móveis, caracterizando-os como originários de um país tropical e que tivessem como matéria-prima a madeira oriunda de um "bom manejo" de plantações florestais. Um dos instrumentos utilizados para isso, e aceito internacionalmente, é a certificação florestal. Embora a indústria moveleira seja utilizada como exemplo de certificação florestal neste livro, os conceitos e sugestões apresentados podem ser extrapolados para outras indústrias de base florestal.

Com relação às empresas moveleiras, no Brasil ainda são poucas as que possuem a certificação florestal se comparadas com a totalidade. A maioria dessas empresas localiza-se em polos moveleiros do estado de São Paulo e da Região Sul do Brasil. Essas empresas conseguiram avanços nos aspectos econômicos, pois a certificação florestal lhes abriu mercados exigentes quanto à procedência da matéria-prima madeireira, contribuindo para diferenciar o seu produto da concorrência. Além disso, a certificação florestal promoveu mudanças positivas nos aspectos sociais e ambientais de tais empresas.

Contudo, a certificação florestal ainda apresenta muitos desafios a serem superados. Um deles é o desconhecimento de sua funcionalidade e benefícios para a estratégia geral da empresa, como forma de agregar valor ao produto e facilitar sua inserção no mercado internacional.

Nesse contexto, torna-se importante analisar como a certificação florestal se insere na estratégia das empresas, em particular nas do ramo industrial. Esse é o propósito do presente livro, que aborda o mercado de produtos certificados e o processo de implementação da certificação de cadeia de custódia (uma das modalidades de certificação florestal) na indústria, apresentando aspectos que auxiliarão o dirigente de tais empresas a obterem a certificação, por exemplo, na análise da viabilidade econômica da produção de produtos certificados. Por sua importância na geração de divisas e de empregos, a indústria moveleira se destaca no país e pode ser utilizada como um bom exemplo para adoção da certificação florestal.

Ademais, o livro permite uma ampliação da visão acadêmica sobre o tema, instigando que futuros profissionais das áreas de engenharia (florestal, ambiental e de produção) e administração possam atuar como consultores na preparação da empresa e/ou como auditores em certificação de cadeia de custódia, tendo por base os conceitos e sugestões apresentados.

Os aspectos abordados no livro fazem parte de pesquisas sobre o tema e também da vivência prática dos autores em quase dez anos de estudos relacionados à certificação florestal, participando de consultorias e auditorias em empresas.

O presente livro é composto de sete capítulos que estão agrupados em três partes:

– Primeira parte: composta de três capítulos, destaca a inserção da certificação florestal no "mundo dos negócios", enfatizando sua importância na responsabilidade social e ambiental das empresas. No Capítulo 1, é descrita a responsabilidade das empresas para com questões sociais e ambientais e também a importância dos produtos "verdes" em suas estratégias corporativas. Além disso, o capítulo aborda o papel das certificações na legitimação dos produtos verdes. O Capítulo 2 apresenta a certificação florestal, sua origem, funcionalidade e importância na conservação das florestas. Por fim, a primeira parte é finalizada com o Capítulo 3 enfatizando a aplicabilidade da certificação florestal no ramo industrial, em especial na indústria moveleira, e um panorama do mercado de móveis certificados, destacando também as facilidades inerentes a essa indústria na obtenção dos certificados, bem como os diversos desafios a serem ainda superados.

– Segunda parte: composta de dois capítulos, aborda uma aplicação prática sobre a implementação da certificação de cadeia de custódia na indústria. O Capítulo 4 apresenta uma proposta de guia de implementação da certificação na indústria moveleira. Esse "guia" pode ser utilizado por empresas não moveleiras, com as devidas adaptações, e tem por finalidade auxiliar os dirigentes das empresas em seu processo de certificação, podendo, inclusive, diminuir a dependência de contratação de consultores especialistas no assunto. Por outro lado, esse guia contribui para a ampliação da visão que acadêmicos e profissionais ligados à área florestal e/ou industrial terão sobre a certificação e sua aplicação prática. Nesse capítulo é destacada também a importância da elaboração do manual de cadeia de custódia da empresa, no qual a organização deverá atender à legislação vigente, verificar o tipo de matéria-prima comprada e a sua procedência, cumprir requisitos específicos da norma de certificação, definir responsabilidades e políticas, realizar treinamentos e estabelecer procedimentos operacionais necessários a obtenção e funcionamento da certificação de cadeia de custódia. Ademais, o capítulo destaca a importância de se fazer o controle de material certificado e de origem controlada e também o controle dos fatores de conversão. No Capítulo 5, é apresentada uma aplicação prática utilizando-se um estudo de caso, que elucidará as dúvidas pertinentes ao processo de certificação de cadeia de custódia. Nessa aplicação prática, com base no guia anteriormente apresentado, o leitor terá boas noções sobre como elaborar o manual de cadeia de custódia, o controle do saldo de material certificado e de origem controlada e também o controle dos fatores de conversão na empresa moveleira. Além disso, o capítulo apresenta aspectos referentes à auditoria externa da certificação de cadeia de custódia, cumprimento de não conformidades e aprovação e registro da certificação. Outro ponto destacado é a utilização da certificação no marketing ambiental da empresa moveleira e aspectos considerados importantes para essa certificação, que, certamente, serão úteis aos dirigentes das empresas moveleiras, profissionais da área e acadêmicos.

– Terceira parte: é feita uma análise do impacto dos investimentos da certificação florestal nos indicadores econômicos da indústria. Utilizando-se do mesmo estudo de caso apresentado nos capítulos anteriores, o leitor poderá ter elementos para tomadas de decisão e verificar o impacto que o preço final do produto sofrerá com os custos da certificação. No Capítulo 6, são apresentados os custos da hora de trabalho dos empregados ligados ao processo de implementação da certificação. São apresentados também os custos de preparação da empresa e que são inerentes ao serviço de consultoria, ao custo da hora de trabalho dos empregados à disposição dos consultores e a custos diversos, como treinamentos. Outro custo importante levado em consideração é aquele relacionado ao custo de auditoria externa e que corresponde à avaliação principal, que é feita na empresa e que também inclui as taxas cobradas para utilização da logomarca do sistema de certificação. Por fim, são apresentados ainda os custos dos monitoramentos realizados anualmente e de gastos da empresa que estão diretamente relacionados com a certificação, como propagandas, confecção de brindes e participação em feiras. Para a implementação da certificação, também foram apurados os custos das horas de trabalho dos trabalhadores que destinarão parte de seu tempo para cumprir os requisitos da certificação, conforme o procedimento operacional que lhes diz respeito. Com base nos custos determinados, o Capítulo 7 apresenta uma simulação de cenários econômicos para os produtos certificados e o impacto que tais custos terão sobre seu custo médio, e, consequentemente, sobre o preço de venda e/ou quantidades vendidas. São apurados os custos anuais levando-se em consideração o período de vigência da certificação de cadeia de custódia e também as receitas que seriam necessárias em cada ano para cobrir os custos. Por meio desses indicadores econômicos foi possível estabelecer três cenários econômicos, o que permite ao leitor analisar o impacto dos custos da certificação nos móveis. O primeiro cenário é mais modesto, no qual nem todos os custos de preparação e manutenção são considerados; o segundo cenário é intermediário e, além de não considerar todos os custos de preparação e manutenção, são utilizados 50% do valor que a empresa destina ao marketing a fim de alavancar sua produção certificada; por fim, no cenário mais completo, são considerados todos os custos envolvendo tanto a preparação quanto a manutenção e o marketing. A elaboração dos três cenários permite que o dirigente da empresa e/ou o profissional interessado no assunto realize simulações e verifique o impacto no custo médio de cada produto certificado. Qual é o aumento necessário no preço de venda do produto certificado para cobrir os gastos com a certificação, caso a empresa não altere a quantidade vendida? Por outro lado, qual a quantidade que precisa ser vendida para manter seu preço de venda atual? O capítulo auxiliará a responder essas questões.

Embora os três últimos capítulos enfoquem um estudo de caso de implementação da certificação florestal na indústria moveleira, suas informações podem ser adaptadas para outros tipos de indústrias de base florestal que se interessem na obtenção do "selo verde", necessitando, porém, de algumas adaptações à sua realidade.

Espera-se que ao final da leitura seja possível compreender o funcionamento da certificação florestal, principalmente a cadeia de custódia, e aspectos relacionados com a implementação e a viabilidade econômica dos produtos certificados. Em particular, espera-se que dirigentes das empresas possam visualizar na certificação florestal um importante instrumento para diferenciar seus produtos e oferecer valor aos consumidores, atrelando a variável meio ambiente aos seus negócios.

Parte 1

CERTIFICAÇÃO FLORESTAL
NA INDÚSTRIA

Responsabilidade social e ambiental das empresas

INTRODUÇÃO

A Revolução Industrial provocou maior dinamismo na produção dos bens e as máquinas reduziram significativamente os esforços humanos para se produzir algo. Foi possível produzir muito mais em menor espaço de tempo. Além disso, a especialização do trabalho permitiu que os trabalhadores se tornassem *experts* em determinadas fases da produção, aumentando sua eficiência.

Além das consequências voltadas para danos à saúde dos trabalhadores, principalmente relacionados à ergonomia, a maior produção aumentou a demanda dos recursos naturais, iniciando uma fase de exploração predatória do meio ambiente. Com o aumento progressivo da população no século XX, aliado ao surgimento de novas empresas, os mercados se expandiram, ocasionando maior utilização dos recursos naturais e a geração de mais resíduos. Tais recursos têm sido utilizados, muitas vezes, de forma ineficiente e em quantidade superior à capacidade de reposição pelo meio ambiente, gerando diminuição do estoque do capital natural.

Uma das possíveis soluções para essa problemática ambiental é encontrar formas de produção que supram as necessidades da sociedade e que, ao mesmo tempo, garantam a conservação ambiental. É nesse contexto que surge o "mercado verde".

O mercado verde pode ser definido como um segmento específico ou nicho (submercado) dentro de um mercado qualquer, que valoriza produtos e serviços que internalizam questões sociais e ambientais. As empresas desse mercado são conhecidas como "empresas verdes".

RESPONSABILIDADE SOCIAL EMPRESARIAL

A transformação e a influência ambiental nos negócios ocorrem de maneira crescente e com efeitos econômicos cada vez mais profundos. As organizações realizam ações voluntárias que implicam comprometimento maior que a simples adesão formal, em virtude de obrigações advindas da legislação. Muitas empresas tomam decisões estratégicas integradas à questão ambiental e conseguem significativas vantagens competitivas. Com isso, poderão obter redução de custos e incremento em seus lucros.

Nos últimos anos, as organizações têm sido pressionadas a assumir maiores responsabilidades com relação ao meio ambiente e, com isso, têm adotado formas de gestão mais eficientes. Entre os principais agentes de pressão e que impulsionam a mudança de postura das empresas estão o Estado, a comunidade, o mercado consumidor e os fornecedores. Todavia, a elevação do nível de consciência do empresariado ainda é um desafio, pois as ações voltadas para as questões ambientais estão mais focadas no ambiente interno das organizações, prioritariamente para processos e produtos.

Um aspecto importante nesse processo de mudança de postura é a busca da responsabilidade social empresarial (RSE), que pode ser definida como o estímulo a um comportamento organizacional que integra aspectos sociais e ambientais que não estão, necessariamente, contidos na legislação, mas que visam atender aos anseios da sociedade em relação às organizações. Além disso, é composta por ações socioambientais que visam identificar e minimizar os possíveis impactos negativos advindos da atuação das empresas, bem como ações para melhorar sua imagem institucional, favorecendo os negócios (Dias, 2007; Nascimento et al., 2008). Segundo Donaire (1999), a responsabilidade das empresas pode assumir diversas formas, entre as quais se incluem proteção ambiental, projetos filantrópicos e educacionais, equidade nas oportunidades de emprego e serviços sociais em geral.

Uma nova atitude perante os problemas ambientais deve ser tomada por empresários e administradores visando a sua solução ou a sua minimização, e, para isso, eles devem considerar o meio ambiente em suas decisões e adotar concepções administrativas e tecnológicas que contribuam para ampliar a capacidade de suporte do planeta (Barbieri, 2011). As organizações têm um papel a desempenhar na construção de um mundo mais sustentável, com atitudes empresariais proativas, honestas e transparentes. Algumas empresas, como Natura, Philips, Petrobras, Suzano, 3M, HSBC, Banco Real, Carrefour, entre outras, já possuem experiência destacada em relação à sustentabilidade (Almeida, 2007 e 2009).

Atitudes ligadas à sustentabilidade são importantes para que as empresas reflitam sobre sua função na sociedade, como ela deve se portar em relação às empresas e como estas devem responder às diversas demandas que surgem. Além disso, as formas como são concebidos e comercializados produtos e serviços trazem novas questões éticas com as quais as organizações têm de aprender a lidar. Tais fatores contribuem para que o profissional atuante nas empresas modernas seja capaz de conciliar desenvolvimento e lucros com as expectativas sociais e ambientais vigentes (Veloso, 2005; Oliveira, 2008; Barbieri e Cajazeira, 2012; Rocha et al., 2013).

PRODUTOS VERDES COMO PARTE DA ESTRATÉGIA DAS EMPRESAS

Muitas empresas têm buscado utilizar processos e insumos menos agressivos ao meio ambiente, adotando, por exemplo, sistemas de produção mais eficientes e uso de energias mais limpas (hidrelétrica, solar, eólica e geotérmica). Existem, também, empresas que aplicam a gestão ambiental em suas atividades e buscam a certificação do sistema de gestão ambiental para legitimar suas ações. Outras empresas vendem produtos de origem florestal, com a respectiva certificação, praticando o "bom manejo". A partir dessas ações, podem-se encontrar no mercado os produtos convencionais e os produtos verdes.

Alves et al. (2011a) definiram esses dois tipos de produtos. Os convencionais são aqueles em que não se consideram as questões ambientais na exploração do recurso do meio ambiente, na produção (incluindo as embalagens), no consumo e no descarte. Os verdes são aqueles que apresentam algum diferencial ambiental em uma das fases; um exemplo são os produtos fabricados com matéria-prima renovável, os que promovem menores danos ambientais, que geram menos resíduos ou que possam ser reaproveitados no processo produtivo; ou, ainda, apresentam a possibilidade de serem assimilados pelo meio ambiente ao serem descartados. É possível que um veículo seja considerado como produto verde, mesmo sendo feito de matéria-prima não renovável, mas utilizando, por exemplo, biocombustíveis.

Os produtos verdes devem fazer parte da estratégia geral das empresas. Não basta serem disponibilizados no mercado, devem ter, também, a capacidade de serem claramente identificados e privilegiados pelos consumidores. Se tais produtos conseguem concorrer com os produtos convencionais, oferecendo atributos desejados pelos consumidores, como desempenho, qualidade, eficiência, preço, *design* e funcionalidade, o atributo "ambiental" é um fator a ser considerado pelos consumidores. Para que um produto verde possa se destacar no mercado perante seus concorrentes é importante que ele faça parte da estratégia da empresa e que o aspecto ambiental possa constituir-se em vantagem competitiva para ela.

Alves (2010) desenvolveu um modelo em que o produto verde deve fazer parte das estratégias gerais da empresa e que deve ser impulsionado por atividades que tragam valor para o consumidor (diferencial verde), como certificações, marketing de relacionamento e ser atrelado a uma marca verde. Adicionalmente, o modelo demonstra a importância do estudo do comportamento do consumidor e do marketing ambiental no desenvolvimento do produto verde.

No modelo, o consumidor "enxerga" um produto verde e o faz, na maioria das vezes, de acordo com a teoria estabelecida para o comportamento do consumidor. O produto, por sua vez, é composto das atividades de marketing ambiental exercidas pela organização (produto, preço, promoção e distribuição) e pelos valores que são transmitidos aos consumidores, como a marca verde, marketing de relacionamento e certificações. Por fim, o estudo do comportamento do consumidor, do marketing desenvolvido e dos valores oferecidos está sob o "guarda-chuva" da estratégia competitiva da empresa, que irá estabelecer suas ações micro e macroambientais, além de nortear sua visão no médio e longo prazos (Figura 1.1.).

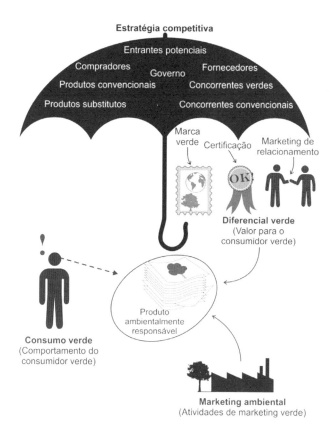

Figura 1.1: Modelo geral abrangendo as teorias de comportamento do consumidor, marketing, estratégia e vantagem competitiva para empresas com produtos verdes.
Fonte: Alves (2010).

O modelo pode ser analisado sob duas perspectivas diferentes:

- A partir da perspectiva do consumidor: as ações visando a concepção, fabricação e comercialização de produtos verdes poderão ser iniciadas a partir da análise, por parte da empresa, do comportamento dos consumidores, objetivando a satisfação de suas necessidades e desejos.
- A partir da perspectiva da organização: as ações visando a concepção, fabricação e comercialização de produtos verdes poderão iniciar-se, por outro lado, a partir da oferta de maior valor, por parte da empresa, ao consumidor, objetivando a satisfação de suas necessidades e desejos. Para isso, a empresa precisa coordenar esforços de atividades de marketing associadas com ações que promovam

maior valor ao consumidor, como desenvolvimento de uma marca verde, estabelecimento do marketing de relacionamento e busca de uma certificação.

Dessa forma, instrumentos que auxiliam os consumidores na escolha de produtos verdes são as certificações e selos ambientais, que são conferidos por organizações devidamente credenciadas e independentes de empresas e governos. As empresas que obtêm essas certificações ambientais demonstram sua responsabilidade com o ambiente e esperam, com isso, ser identificadas pelo consumidor e ter sua preferência. Se isso ocorrer com maior frequência, outras empresas irão, forçosamente, aderir à responsabilidade social e ambiental, sob pena de perderem importantes parcelas de mercado, o que pode resultar em melhoria no desempenho ambiental do setor produtivo como um todo.

PAPEL DAS CERTIFICAÇÕES DE CUNHO AMBIENTAL

Segundo Machado (2000), os sinais de "qualidade ambiental" de um produto podem ser comparados a um *iceberg*, em virtude da existência de diversos fatores que não podem ser visualizados diretamente pelo consumidor no processo de compra; nesse contexto, incluem-se diversas certificações, entre as quais a certificação florestal (Figura 1.2). A "qualidade ambiental" representa os aspectos intrínsecos do produto que o caracterizam como ambientalmente responsável.

Dessa forma, a parte do *iceberg* que aparece na superfície é um sinalizador da "qualidade ambiental" de um produto e está visível para o consumidor; a parte encoberta pela água representa os custos que a empresa ou a cadeia de agentes precisam assumir para estarem certificadas e não ficar visível para o consumidor.

Os administradores e empresários devem avaliar os benefícios potenciais da implementação da certificação e os eventuais riscos. Essa percepção fará com que os tomadores de decisão a visualizem como barreira ou como grande aliada às mudanças organizacionais, em relação às questões ambientais.

Como a certificação tem caráter de legitimação, não pode ser confundida como uma "lavagem verde" *(greenwashing)* que encobre um sistema produtivo poluidor ou que causa degradação. Conduzida de forma adequada,

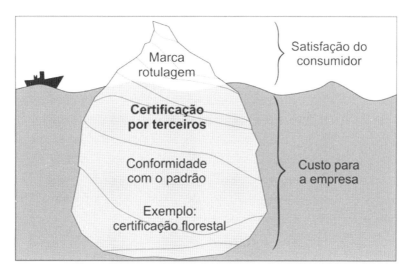

Figura 1.2: O efeito *iceberg* nos sinais de "qualidade ambiental".
Fonte: adaptada de Machado (2000).

pode contribuir efetivamente para a redução dos impactos ambientais negativos e preparar a organização para futuras situações relacionadas às questões ambientais nas quais ela possa se envolver (Nardelli, 2001).

Em alguns tipos de certificação, como a florestal, a empresa que a obtém está sujeita a monitoramentos frequentes, visando avaliar a integridade e o cumprimento dos padrões do sistema de certificação. Esse fato é importante para solidificar a credibilidade e a transparência necessária às organizações nos momentos da venda e da compra.

Verifica-se que as certificações têm a particularidade de "sinalizar" ao consumidor aspectos de "qualidade ambiental" inerentes ao produto e, ao mesmo tempo, contribuir para a estratégia competitiva das organizações e para seu marketing ambiental.

No entanto, para tomar a decisão de se certificar, o empresário deve analisar o custo-benefício de sua implementação, ou seja, torna-se necessário analisar a viabilidade econômica da certificação, assunto que será tratado ao final deste livro.

EXERCÍCIOS

1) Qual a relação entre a Revolução Industrial e a "problemática ambiental" vista na atualidade?
2) O que é mercado verde?
3) Qual é a importância do mercado verde na sociedade moderna?
4) O que é responsabilidade socioambiental empresarial?
5) Por que as organizações têm sido pressionadas a adotar a responsabilidade socioambiental?
6) Explique a diferença entre produtos convencionais e produtos verdes. Cite exemplos de bens e serviços que os caracterizem.
7) Qual é a importância estratégica das certificações e selos ambientais para as empresas?
8) Por que os sinais da "qualidade ambiental" em um produto podem ser comparados a um *iceberg*?
9) O que significa *greenwashing*?
10) Como a empresa ambientalmente responsável deve fazer para que seus clientes não a confundam com uma empresa que pratica a lavagem verde?

2 | Certificação florestal

INTRODUÇÃO

A madeira está presente na vida do ser humano desde épocas remotas. Sua utilização pela sociedade é variada, sendo utilizada como fonte de energia, em habitações, construções, embalagens e móveis, entre outros usos.

Com a crescente devastação florestal, surgiram pressões de comunidades e organizações de países desenvolvidos, no sentido de se buscar uma exploração florestal racional e que minimizasse os danos causados à natureza. Uma dessas alternativas é a certificação florestal, cuja adoção é voluntária, sem envolvimento governamental, e que atesta, para a sociedade em geral, que determinada unidade de manejo florestal está em conformidade com padrões ambientais, sociais e econômicos preestabelecidos pelo sistema de certificação.

ORIGEM DA CERTIFICAÇÃO FLORESTAL

Ao final da década de 1980, surgiram em alguns países iniciativas de boicotar o consumo de produtos tropicais como uma maneira de desestimular o desmatamento. Verificou-se, posteriormente, que essa decisão poderia agravar o desmatamento nos trópicos, uma vez que, com a queda do valor da madeira e das áreas florestais, abriria-se espaço a outros usos mais predatórios da terra, como pastagens e atividades agrícolas. Contudo, o aspecto mais importante para explicar o fracasso do boicote na redução do desmatamento foi o fato de que grande parte da madeira produzida nos trópicos era consumida dentro dos próprios países.

Paralelamente, o progressivo aumento da conscientização de pessoas, governos e empresas levou ao surgimento de diversos mecanismos, como a implantação de políticas ambientais nas organizações, elaboração de legislações mais rigorosas, estabelecimento de tratados internacionais, entre outros. No setor florestal, após vários debates com entidades sociais, ambientais, econômicas, governos e organizações não governamentais e as chamadas "partes interessadas", ou *stakeholders*, foi proposta a criação de um selo que identificasse as unidades florestais que adotassem práticas do chamado "bom manejo". Para verificação dessas práticas, passou-se a avaliar o cumprimento de certos padrões preestabelecidos de comum acordo entre os *stakeholders*. A esse padrão desenvolvido deu-se o nome de certificação florestal, mais comumente conhecida como selo verde.

A certificação se apresentou como uma ideia inovadora, pois é um sistema concebido para certificar e rotular as unidades florestais e seus respectivos produtos florestais.

Segundo Nussbaum e Simula (2005), as razões mais comuns para se obter a certificação são:

- Demanda de clientes por produtos certificados.
- Uso da certificação como forma de acesso a novos mercados.
- Exigência da certificação, por parte de investidores, como uma condição em um empréstimo ou em uma concessão.
- Exigência da certificação, por um segurador, como uma condição de seguro.
- Os proprietários, os acionistas ou a gerência veem a certificação como uma ferramenta útil para conseguir seus objetivos.

Para os trabalhadores e suas famílias, a certificação é uma garantia de melhor padrão de vida e de manutenção do emprego. Para os ambientalistas, ela é um instrumento de conservação da natureza. Para os empresários, o bom manejo florestal traz lucros e abre novos mercados. Para os consumidores, o selo verde é uma oportunidade de privilegiar os produtos que beneficiam o meio ambiente e a sociedade. Além disso, para o governo, é um facilitador, pois o ajuda no controle, na fiscalização e no cumprimento da legislação ambiental (Suiter Filho, 2000).

SISTEMAS DE CERTIFICAÇÃO FLORESTAL

A certificação é o processo independente de verificar se o manejo florestal alcança os requisitos de determinado padrão ou norma. A certificação atesta a conformidade de uma unidade de manejo florestal ao padrão. Quando é combinada a uma avaliação da cadeia de custódia, da floresta ao produto final, um selo verde pode ser usado para identificar os produtos provenientes de florestas bem manejadas. A certificação permite que sejam disponibilizados aos consumidores produtos oriundos de florestas bem manejadas.

Além de ter sido desenvolvida como uma ferramenta de mercado para a promoção de produtos do bom manejo florestal, em alguns países a certificação tem sido empregada como um meio de implementar as políticas governamentais de manejo florestal sustentável (Higman et al., 2005).

Os sistemas de certificação são geralmente constituídos por três elementos: um padrão, em que estão definidos os requerimentos que devem ser cumpridos; a certificação, que é o processo pelo qual o manejo florestal é avaliado de acordo com o padrão, por meio de auditorias conduzidas por uma terceira parte independente, denominada organismo de certificação; e, por fim, o credenciamento, que define as regras para credenciamento e atuação dos organismos de certificação, além de fazer a verificação se eles estão cumprindo estas regras. É o credenciamento que garante a independência e a competência dos organismos de certificação.

Os principais sistemas de certificação existentes no mundo são o do FSC e do PEFC.

O Forest Stewardship Council (FSC) é uma organização internacional não governamental e sem fins lucrativos, com sede na Alemanha, fundada em 1993 por representantes de entidades ambientalistas, pesquisadores, produtores de madeira, comunidades indígenas, populações florestais e indústrias de 25 países. Por meio de um processo participativo, envolvendo as diversas entidades citadas, o FSC estabeleceu princípios e critérios para a certificação voluntária do "bom manejo", ou seja, aquele manejo florestal considerado ambientalmente adequado, socialmente benéfico e economicamente viável.

O Programme for the Endorsement of Forest Certification Schemes (PEFC) foi fundado em 1999, como organização independente, não governamental e sem fins lucrativos, que promove a sustentabilidade do manejo florestal. Esse sistema está fundamentado em critérios definidos nas resoluções das Conferências de Helsinki e de Lisboa sobre proteção florestal na Europa. O PEFC atua como uma organização "guarda-chuva", que facilita o reconhecimento mútuo de um grande número de padrões nacionais de certificação. De acordo com Itto (2002), a principal característica do PEFC é que ele encoraja a aproximação das partes interessadas e respeita o uso de processos e características regionais para promover o manejo florestal sustentável como base para os padrões de certificação. O PEFC conta com mais de 30 iniciativas nacionais de certificação florestal, entre elas o Sistema Brasileiro de Certificação Florestal (Cerflor), desenvolvido no Brasil.

O sistema de certificação florestal PEFC/Cerflor é também conhecido como ABNT/Cerflor, quando a Associação Brasileira de Normas Técnicas (ABNT) passou a ser responsável pelo desenvolvimento, implementação e gestão da iniciativa nacional de certificação florestal. Nesse sistema, a certificação do manejo florestal e da cadeia de custódia é implantada segundo critérios e indicadores elaborados pela ABNT e de acordo com o Sistema Brasileiro de Avaliação da Conformidade e o Instituto Nacional de Metrologia, Qualidade e Tecnologia (Inmetro). As normas foram elaboradas pela Comissão de Estudo Especial Temporária de Manejo Florestal, no âmbito da ABNT; antes de sua publicação, foram submetidas à consulta pública por 90 dias. Em 2005, o ABNT/Cerflor obteve o reconhecimento mútuo pelo PEFC.

Além do Cerflor, o PEFC reconhece diversas outras iniciativas nacionais, entre as quais:

- Sistema Chileno de Certificación de Manejo (Certfor): desenvolvido no Chile.
- Canadian Standards Association (CSA): desenvolvido no Canadá.
- Malaysian Timber Certification Council (MTCC): desenvolvido na Malásia.
- Sustainable Forestry Initiative (SFI): desenvolvido nos Estados Unidos e aplicado em plantações e florestas nativas dos Estados Unidos e Canadá.

Todos os sistemas de certificação florestal mencionados operam com base em princípios, critérios e indicadores de manejo florestal sustentável. Os indicadores devem ser elaborados segundo os princípios gerais do sistema; ao mesmo tempo, devem levar em consideração as peculiaridades regionais do país e de seus ecossistemas.

O Quadro 2.1 apresenta os dez princípios do sistema de certificação florestal FSC, bem como o número de critérios associados a cada um deles.

Quadro 2.1: Princípios e critérios do sistema de certificação FSC

PRINCÍPIO	DESCRIÇÃO DO PRINCÍPIO	NÚMERO DE CRITÉRIOS
Princípio 1: cumprimento das leis	O manejo florestal deve respeitar toda legislação aplicável do país em que atua e os tratados e acordos internacionais dos quais o país é signatário, além de cumprir os princípios e critérios do FSC	8
Princípio 2: direitos dos trabalhadores e condições de trabalho	A organização deve manter ou ampliar o bem-estar social e econômico dos trabalhadores	6
Princípio 3: direitos dos povos indígenas	Os direitos legais e costumários dos povos indígenas de possuir, usar e manejar suas terras, territórios e recursos devem ser reconhecidos e respeitados	6
Princípio 4: relações com a comunidade	A organização deve contribuir para manter ou aumentar o bem-estar social e econômico das comunidades locais	8
Princípio 5: benefícios da floresta	As operações de manejo florestal devem incentivar o uso eficiente dos múltiplos produtos e serviços da floresta para assegurar a viabilidade econômica e uma grande gama de benefícios ambientais e sociais	5
Princípio 6: valores e impactos ambientais	A organização deve manter, conservar e/ou restaurar os serviços ecossistêmicos e os valores ambientais da unidade de manejo, e devem evitar, reparar ou mitigar os impactos ambientais negativos	10

(continua)

Quadro 2.1: Princípios e critérios do sistema de certificação FSC (*continuação*)

PRINCÍPIO	DESCRIÇÃO DO PRINCÍPIO	NÚMERO DE CRITÉRIOS
Princípio 7: plano de manejo	Um plano de manejo – apropriado à escala e intensidade das operações propostas – deve ser escrito, implementado e atualizado. Os objetivos de longo prazo do manejo florestal e os meios para atingi-los devem ser claramente definidos	6
Princípio 8: monitoramento e avaliação	O monitoramento deve ser conduzido de maneira apropriada à escala e à intensidade do manejo florestal para que sejam avaliados a condição da floresta, o rendimento dos produtos florestais, a cadeia de custódia, as atividades de manejo e seus impactos ambientais e sociais	5
Princípio 9: manutenção de florestas de alto valor de conservação	As atividades em manejo de florestas de alto valor de conservação devem manter ou ampliar os atributos que definem estas florestas	4
Princípio 10: implementação das atividades de gestão	As atividades de manejo realizadas pela organização ou na unidade de manejo florestal devem ser selecionadas e implementadas de acordo com as políticas e os aspectos econômicos, ambientais e sociais da organização e de acordo com os princípios e critérios como um todo	12

Fonte: FSC (2013a).

O Cerflor adota cinco princípios que são descritos a seguir:

- Princípio 1: obediência à legislação.
- Princípio 2: racionalidade no uso dos recursos florestais a curto, médio e longo prazos, em busca da sua sustentabilidade.
- Princípio 3: zelo pela diversidade biológica.
- Princípio 4: respeito às águas, ao solo e ao ar.
- Princípio 5: desenvolvimento ambiental, econômico e social das regiões em que se insere a atividade florestal.

Do ponto de vista da organização florestal, decidir por um ou outro sistema depende do motivo pelo qual se busca a certificação. Algumas vezes essa decisão poderá estar nítida, pois os consumidores ou investidores poderão especificar ou demandar por um determinado sistema. Já em outros casos, caberá à organização avaliar os prós e os contras de cada sistema e decidir por aquele que é mais apropriado aos seus objetivos e aos seus negócios.

Em algumas situações, a melhor opção pode ser certificar uma unidade de manejo florestal aplicando-se dois sistemas simultaneamente. Essa alternativa já está sendo oferecida pelos organismos de certificação e se torna interessante para organizações que estão sob múltiplas demandas. Uma certificação integrada, adotando-se os padrões do FSC e do PEFC/Cerflor, é perfeitamente viável, desde que os requisitos mais restritivos de cada sistema sejam considerados.

A Tabela 2.1 apresenta um panorama da certificação florestal pelos sistemas FSC e PEFC, com suas áreas certificadas de manejo florestal e número de certificados de cadeia de custódia, por continente.

Tabela 2.1: Panorama da certificação florestal pelos sistemas FSC e PEFC, por continente, em julho de 2013

	FSC		PEFC	
CONTINENTE	ÁREA DE MANEJO FLORESTAL CERTIFICADO (HECTARES)	NÚMERO DE CERTIFICADOS (CADEIA DE CUSTÓDIA)	ÁREA DE MANEJO FLORESTAL CERTIFICADO (HECTARES)	NÚMERO DE CERTIFICADOS (CADEIA DE CUSTÓDIA)
África	6.631.546	163	0	5
América do Sul e América Central (incluindo o México)	13.344.131	1.408	3.600.000	122
América do Norte (excluindo o México)	71.951.897	4.377	151.000.000	553
Ásia	8.224.540	6.347	4.600.000	748
Europa	77.700.402	13.486	80.000.000	8.177
Oceania	2.627.365	465	10.400.000	262
Total	**180.479.881**	**26.246**	**249.600.000**	**9.867**

Fonte: FSC (2013a) e PEFC (2013).

Com os dados da Tabela 2.1, é possível fazer uma observação. Dividindo-se o número de certificados de cadeia de custódia FSC pelo do sistema PEFC, verifica-se que em todos os continentes a relação é superior a sete certificados FSC por cada certificado PEFC, à exceção da Europa (1,65) e Oceania (1,77). Poder-se-ia especular que, para o mercado desses dois continentes, vender um produto certificado independe do sistema adotado, enquanto que, para os demais, a preferência seria pelo selo FSC. De tal forma, a empresa que deseja exportar seu produto certificado deverá saber, de antemão, qual sistema de certificação florestal é mais exigido pelo seu cliente.

Independentemente do sistema adotado, verifica-se que a certificação florestal tem se mostrado um importante instrumento na promoção de ações visando a sustentabilidade econômica, social e ambiental das organizações de base florestal, tanto no Brasil quanto no mundo.

MODALIDADES DE CERTIFICAÇÃO FLORESTAL

A certificação florestal é aplicada à escala operacional do manejo florestal. Ela é realizada para uma determinada unidade de manejo florestal (UMF), que é definida como uma área de floresta sob um único sistema ou um sistema de manejo florestal comum. Ela pode ser uma área de concessão florestal, uma área pública, uma área privada ou mesmo um grupo de pequenas áreas florestais de diferentes proprietários, mas manejadas sob um sistema comum.

A certificação do manejo florestal certifica áreas que cumprem com os chamados "princípios e critérios", já vistos anteriormente; a certificação de cadeia de custódia permite relacionar o produto certificado à origem certificada de sua matéria-prima. Em ambos os casos, a certificação não se aplica ao proprietário ou à organização e, sim, à unidade de manejo florestal ou a um determinado produto.

Assim, os produtos florestais só podem ser declarados ou rotulados como "certificados" se, além da certificação da unidade de manejo florestal, também for certificada a cadeia de custódia. Esta representa o elo entre clientes e fornecedores, compreendendo todas as etapas, desde a floresta até o ponto de venda, permitindo rastrear e relacionar o produto certificado como oriundo de florestas bem manejadas e certificadas.

Para assegurar essa informação ao consumidor, é necessário que o sistema de controle da cadeia de custódia inclua procedimentos e práticas adequados, implementados em todos os pontos críticos de controle, conforme os exemplos a seguir:

- Aquisição e recebimento de matéria-prima certificada.
- Estoques de matéria-prima.
- Processamento – principalmente o controle das taxas de conversão da matéria-prima ao produto certificado.
- Armazenamento e venda de produtos certificados.

Uma organização florestal poderá optar por certificar todo o seu sistema de produção ou parte dele. Dessa forma, ela poderá processar exclusivamente matéria-prima certificada e ter 100% dos produtos certificados; processar matéria-prima certificada e não certificada em linhas de produção independentes, tendo produtos certificados e não certificados; processar matéria-prima certificada e não certificada, combinadas em uma proporção que atenda aos requisitos mínimos do sistema de certificação ou sob um sistema de balanço de massa (sistema de créditos). Neste último caso, o selo trará a indicação da porcentagem existente de matéria-prima certificada naquele produto ou no processo.

Tanto o FSC quanto o PEFC/Cerflor possuem requisitos aplicáveis à porção de origem florestal não certificada de um produto que será rotulado ou declarado como certificado. A matéria-prima florestal não certificada deverá atender ao padrão de "madeira controlada" do FSC (FSC Controlled Wood) ou aos critérios de fontes "não controversas" do PEFC. Por exemplo, uma fábrica de celulose pode ter uma parte da madeira consumida oriunda de sua unidade de manejo florestal (certificada) e outra parte abastecida por plantações de eucalipto do fomento florestal (não certificado). Porém, não é viável operacionalmente segregar esses dois materiais para processo. Para que seu produto – celulose – possa ser comercializado como certificado, a organização deverá garantir que as plantações do fomento florestal atendam aos requisitos de material não certificado do sistema de certificação adotado.

Essa exigência estabelecida na cadeia de custódia tem incentivado as organizações florestais a buscarem alternativas para inclusão do fomento florestal e de outros fornecedores de matéria-prima do segmento nos sistemas de certificação.

Em termos numéricos, as certificações de cadeia de custódia superam as de manejo florestal certificadas. Isso indica que a mesma unidade de manejo pode fornecer produtos a mais de um processador de matéria-prima e aos vários clientes da cadeia até chegar ao consumidor final. No sistema FSC, por exemplo, até outubro de 2013, eram 1.000 certificados de cadeia de custódia contra 98 unidades de manejo certificadas (FSC, 2013b).

IMPORTÂNCIA DA CERTIFICAÇÃO NA CONSERVAÇÃO DAS FLORESTAS

No documento "Face a face com a destruição" (Greenpeace, 1999), o Greenpeace Brasil faz referência sobre a instalação das companhias multinacionais madeireiras na Amazônia brasileira e destaca a importância da certificação florestal. As operações madeireiras certificadas oferecem um importante avanço para a indústria madeireira da Amazônia, pois contribuem para promover melhores práticas ambientais de extração da matéria-prima. O Greenpeace Brasil recomenda às empresas que já estiverem em atividade na região que busquem a certificação para que possam atestar que seu ecossistema não estava significativamente alterado. Além disso, cita como fator importante para conter a destruição da Amazônia, que os consumidores de madeira amazônica comprem apenas produtos de origem conhecida e que tenham sido independentemente certificados.

O Greenpeace Brasil ainda realiza um importante projeto para conter a diminuição da extração ilegal de madeira amazônica, que é o projeto Cidade Amiga da Amazônia, em parceria com diversos municípios brasileiros, visando a adoção de leis municipais que proíbam a compra de madeira de origem ilegal nas licitações e obras públicas.

Indo ao encontro das expectativas da ONG, em uma análise dos números da certificação florestal pelo FSC na Região Amazônica (estados da Região Norte e Estado do Mato Grosso), verificou-se que, fazendo uma comparação das empresas certificadas em 2003 e em 2009, houve um aumento de mais de oito vezes na área certificada da região, passando de 361.036 hectares para quase 3 milhões de hectares. Houve um salto, também, no número de unidades de manejo florestal certificadas: em 2003 eram 8 unidades e em 2009 passaram para 22 unidades (Alves et al., 2009a).

Por fim, verifica-se que as empresas com certificação de plantações florestais exercem importante função na proteção florestal, pois, em muitos casos, elas cumprem um percentual muito maior do que o exigido pela lei. Em alguns estados brasileiros o percentual de proteção florestal nas unidades de manejo certificadas de plantações florestais representa mais de 30%, tanto pelo FSC como pelo PEFC/Cerflor (Alves et al., 2011b). Em comparação com outros países da América do Sul, a área de proteção florestal brasileira em plantações certificadas é superior nos dois sistemas de certificação (Alves et al., 2011c).

EXERCÍCIOS

1) Explique como surgiu a certificação florestal.
2) O que representa o chamado "bom manejo florestal"?
3) Quais são as principais razões que motivam uma organização a buscar a certificação florestal?
4) Quais são os principais benefícios da certificação florestal?
5) Explique o funcionamento dos sistemas de certificação no tocante aos elementos básicos que os constituem (padrão, certificação e credenciamento).
6) Quais são as principais diferenças entre o sistema de certificação florestal FSC e o sistema PEFC?
7) Como o sistema brasileiro de certificação florestal Cerflor se inseriu no mercado?
8) Explique a diferença entre a certificação de manejo florestal e a certificação de cadeia de custódia.
9) Por que a obtenção da certificação florestal pelas empresas é importante para a conservação das florestas?

3 Certificação florestal no setor industrial: a indústria moveleira como exemplo

INTRODUÇÃO

No setor florestal, algumas empresas já disponibilizam os chamados "produtos verdes" no mercado. Para diferenciar esses produtos, a certificação florestal tem sido o principal instrumento utilizado.

Na certificação florestal é necessário que a empresa certifique a sua unidade de manejo florestal (floresta nativa ou plantada) e também toda a cadeia do produto até chegar ao consumidor. Em relação à certificação de cadeia de custódia, várias indústrias ligadas ao setor florestal já obtiveram a certificação de seus produtos, incluindo os papéis de impressão e de embalagens.

Uma das indústrias de base florestal que têm começado a despertar para a certificação de cadeia de custódia é a moveleira. Embora esse tipo de indústria moveleira seja utilizado como exemplo de certificação florestal neste livro, os conceitos e sugestões apresentados podem ser extrapolados para outras indústrias de base florestal.

INDÚSTRIA MOVELEIRA

A indústria moveleira é constituída de diversos processos de produção e é caracterizada pelo uso de diferentes matérias-primas e pela gama de produtos finais. Essa indústria pode ser segmentada em função do material com que os móveis são confeccionados (madeira, metal e outros), e de acordo com os usos a que são destinados (por exemplo, móveis para residência e para escritório).

Diversos fatores podem ser apontados como responsáveis pelo crescimento da indústria moveleira, como avanços na tecnologia e a horizontalização da produção, isto é, a existência de produtores especializados na fabricação de componentes para a indústria de móveis. No Brasil, essa indústria tem sido estratégica para os governos, tanto federal quanto estadual, visto que ela é particularmente importante na criação de novos empregos e na geração de divisas.

De acordo com Gorini (1999), esse crescimento se intensificou a partir de 1990, quando a indústria investiu fortemente na renovação do parque de máquinas, principalmente com máquinas importadas vindas da Itália e da Alemanha. No entanto, as empresas moveleiras mais modernas são poucas, em meio a um leque muito grande de empresas desatualizadas tecnologicamente e com baixa produtividade.

Entre os principais fatores positivos que têm marcado o desenvolvimento da indústria de móveis a partir de 1990, podem ser destacadas a abertura da economia e a ampliação do mercado interno que, juntamente à redução da inflação e aos seus custos indiretos, têm introduzido novos consumidores, antes excluídos do mercado. Além disso, o custo mais acessível da madeira reflorestada representa fator competitivo importante (Valença et al., 2002).

Além desses aspectos, ressalta-se que, em função do crescimento do setor de construção civil, principalmente nos últimos anos, provocado pelo programa do governo federal denominado "Minha Casa, Minha Vida", aumentou-se a demanda por móveis, pois quem adquire um imóvel, precisa mobiliá-lo. Paralelamente, o governo tem dado incentivos fiscais à indústria moveleira, principalmente com a redução da alíquota de imposto sobre produtos industrializados (IPI).

A indústria moveleira nacional é composta, em sua maioria, por micro e pequenas empresas, e apenas cerca de 500 delas podem ser enquadradas como médias e grandes. A maior parte das empresas está localizada nas Regiões Sul e Sudeste, destacando-se os seguintes polos nacionais: Bento

Gonçalves (RS), São Bento do Sul (SC), Arapongas (PR), Ubá (MG), Mirassol (SP), Votuporanga (SP) e Grande São Paulo (SP). Mesmo que ainda de forma incipiente, a indústria moveleira é um dos setores produtivos que têm adotado a certificação florestal nos últimos anos.

APLICABILIDADE DA CERTIFICAÇÃO FLORESTAL NA INDÚSTRIA MOVELEIRA

Como visto anteriormente, existem duas modalidades implementadas pelos sistemas de certificação: a certificação do manejo florestal e a certificação de cadeia de custódia. Para conseguir atingir o consumidor, a certificação do manejo florestal requer um sistema que garanta a rastreabilidade da origem de um produto, desde a floresta certificada até o consumidor final. Esse tipo de certificação é conhecido como certificação de cadeia de custódia e é o tipo a ser adotado nas indústrias de base florestal, nas quais se inclui a moveleira.

Para obter a certificação florestal, a empresa moveleira deve desenvolver um sistema interno de gestão que garanta a rastreabilidade da matéria-prima certificada. Essa rastreabilidade vai da chegada da matéria-prima na empresa até a confecção do produto final e sua disponibilidade ao consumidor. O selo verde é atestado por uma certificadora (credenciada junto ao FSC ou ao PEFC/Cerflor) após a inspeção na empresa, seguindo os requisitos exigidos pelos sistemas de certificação.

De acordo com Jacovine et al. (2006), o tempo gasto no processo de certificação das empresas moveleiras brasileiras pode ser considerado rápido, visto que o tempo médio de obtenção da certificação, encontrado na pesquisa, foi de menos de um ano. Além disso, os custos foram considerados acessíveis à maioria das empresas moveleiras, principalmente para as exportadoras. Segundo os autores, o principal ganho obtido pelas empresas moveleiras nacionais que são certificadas é a melhoria de sua imagem institucional, contribuindo para o aumento de sua competitividade.

Verifica-se que, para esse tipo de indústria, a certificação florestal tem representado um dos importantes gargalos para a competitividade no mercado externo, pois as exigências da certificação do manejo florestal sustentável e da origem da matéria-prima ganham espaço e criam "padrões de mercado", como consequência da pressão de organizações ambientalistas e de grupos de compradores e varejistas, especialmente na Europa e nos Estados Unidos. Dessa forma, a obtenção de uma certificação florestal constitui, também, um fator de competitividade para a indústria moveleira, principalmente, quando suas empresas se lançam ao mercado externo.

Para o consumidor final, a certificação florestal constitui-se em uma garantia de que o produto é proveniente de uma floresta que foi manejada de acordo com critérios econômicos, ambientais e sociais. Atender a esses critérios pode ser um diferencial de mercado para muitas empresas. Adicionalmente, pode contribuir para o fortalecimento de sua imagem e se tornar um mecanismo para melhorar suas relações com as diversas partes interessadas do seu campo organizacional.

PANORAMA DA CERTIFICAÇÃO FLORESTAL NA INDÚSTRIA MOVELEIRA DO BRASIL

Para a maioria das empresas moveleiras, a certificação florestal é favorecida pelo fato de que grande parte de seus fornecedores principais de matéria-prima já são certificados pelo FSC. Ressalta-se que a principal matéria-prima utilizada pelas empresas moveleiras são as chapas, principalmente MDF (*medium density fiberboard* – painel de fibra de madeira de média densidade), OSB (*oriented strandboard* – painel de tiras de madeira orientadas) e MDP (*medium density particle board* – painel de partículas de média densidade).

Contudo, Alves et al. (2009b) destacaram que das estimadas 20 mil empresas moveleiras existentes no Brasil em 2005, apenas 0,15% do total eram certificadas pelo FSC e se concentravam principalmente nos estados da Região Sul e no Estado de São Paulo. Além disso, na época não havia nenhuma empresa moveleira certificada pelo PEFC/Cerflor. Segundo FSC (2013a), as empresas moveleiras certificadas correspondem a aproximadamente 0,21% do total, demonstrando que tem havido uma procura pela certificação florestal na indústria moveleira nacional, fruto do maior conhecimento sobre o selo verde e sobre as exigências do mercado consumidor.

A concentração das exportações de móveis brasileiros nos polos de São Bento do Sul (SC) e em Bento Gonçalves (RS) é um fator que faz com que os empresários dessas regiões vejam na certificação florestal uma oportunidade de agregar a variável ambiental em seus produtos. No entanto, mesmo nesses polos, verifica-se que o número de empresas certificadas é baixo em relação ao total.

Assim, enquanto as empresas que necessitam de madeira maciça, como as madeireiras, por exemplo, têm dificuldade para encontrar fornecedores certificados, a indústria moveleira se dá "ao luxo" de comprar matéria-prima certificada (MDF, MDP, OSB, entre outros) e não certificar sua cadeia de custódia. No polo moveleiro de Ubá (MG), por exemplo, a maior parte das empresas exportadoras já adquire matéria-prima certificada, mas somente em 2010 ocorreu a primeira certificação de cadeia de custódia, pelo FSC, em uma indústria moveleira. Contudo, outras empresas já têm se mostrado interessadas na certificação florestal, de modo que se espera a alavancagem dessa atitude no polo.

Um dos entraves para a certificação florestal na indústria moveleira é a falta de informação do empresário acerca dos principais requisitos necessários para sua obtenção. A obtenção da certificação de cadeia de custódia pela indústria passa pelo cumprimento dos padrões estabelecidos pelo sistema de certificação florestal e, em muitos casos, sua interpretação torna-se difícil para a empresa sem a ajuda de um especialista. Assim, é importante a maior divulgação dos requisitos necessários para obtenção da certificação de cadeia de custódia e que sirvam de parâmetro para a tomada de decisão do empresário da indústria moveleira.

Esse desconhecimento por parte do empresariado foi destacado em estudo realizado em um dos polos moveleiros por Alves (2005). Das 20 empresas exportadoras da época, apenas 15% sabiam o que era a certificação florestal e, posteriormente, verificou-se que esse conhecimento era apenas superficial, apesar de as empresas comprarem matéria-prima que continham o selo FSC.

Em contraposição ao desconhecimento de muitos empresários, em pesquisa realizada com as empresas moveleiras certificadas do Brasil, em 2005, obteve-se que para 67% delas a certificação florestal representava o principal fator para buscar novos mercados, como os de alguns países europeus. Uma das empresas pesquisadas, na época, declarou que "a certificação parece ser o caminho natural no mercado de móveis para exportação e que, em um curto espaço de tempo, deixará de ser um diferencial e passará a ser requisito para mercados mais desenvolvidos e exigentes" (Alves, 2005).

A divulgação da certificação florestal junto aos empresários das empresas moveleiras e a parceria junto aos fornecedores certificados tornam-se necessárias para impulsionar a certificação nessa indústria. A certificação florestal necessita entrar na pauta de assuntos estratégicos de entidades representativas do setor como a Associação Brasileira das Indústrias do Mobiliário (Abimóvel), pois certificar as empresas moveleiras não será apenas um compromisso ambiental e social, mas também uma maneira de obter bons negócios e diferenciar-se no mercado.

A perda para a indústria moveleira não é somente deixar de promover todo um sistema que se pauta por princípios ambientais e sociais, mas, sobretudo, deixar de associar sua imagem institucional a selos reconhecidos internacionalmente (FSC e PEFC/Cerflor) e aproveitar oportunidades de mercado, principalmente no exterior.

DESAFIOS PARA O CRESCIMENTO DO MERCADO DE MÓVEIS CERTIFICADOS

Os consumidores já estão atentos para a importância da variável "meio ambiente" no momento da compra. De acordo com pesquisa realizada em uma das mais importantes feiras de móveis do país, Alves et al. (2009c), destacaram a maior exigência do consumidor no tocante à correta procedência da madeira contida nos móveis que adquire. Além disso, os consumidores demonstraram propensão em não adquirir um móvel se souberem que sua madeira proveio de desmatamento ilegal da Amazônia.

Apesar da posição dos consumidores com relação à procedência correta da madeira contida nos móveis, Alves et al. (2009d) verificaram que os consumidores ainda desconheciam o real significado de madeira certificada e a confundiam com madeira legalizada, não estabelecendo relação com a certificação florestal e seus princípios. Os selos dos sistemas de certificação FSC e Cerflor não eram conhecidos pela maioria dos consumidores pesquisados na feira de móveis supracitada.

Com relação ao desconhecimento dos selos por parte do consumidor, a falta de demanda por móveis certificados no Brasil ainda é um empecilho, mas cabe às empresas moveleiras certificadas utilizar o marketing ambiental para despertar nesses consumidores o desejo de consumir de forma responsável em termos ambientais e sociais, dando preferência a seus produtos certificados.

Uma possibilidade de aumento da informação e conhecimento do consumidor sobre os produtos certificados é o crescimento acentuado do número de gráficas e embalagens certificadas. A certificação das gráficas e de empresas de embalagens abre um "leque de opções" de produtos certificados para o consumidor, e essa maior aproximação com o consumidor final é de suma importância para a divulgação da certificação florestal. Com o aumento do número de certificados de cadeia de custódia, a tendência é que haja uma maior oferta de produtos certificados aos consumidores. Nesse sentido, a certificação de gráficas e de indústria de embalagens tem proporcionado o surgimento de diversos tipos de produtos certificados, como caixas, livros, revistas, cadernos, envelopes, entre outros, que são encontrados em papelarias, supermercados, bancas de jornal etc.

Alguns compradores já têm despertado para a questão da sustentabilidade e estão adquirindo produtos com certificação florestal. Isso tem acontecido principalmente com as grandes organizações, que não querem ter a sua imagem "manchada" no mercado por adquirirem produtos oriundos de desmatamentos. Um exemplo são algumas redes de supermercados que tem adquirido madeira certificada para a obra e mobília da loja.

Paralelamente à busca de maior conscientização do consumidor, é imprescindível que haja maior oferta de produtos certificados, ou seja, que mais empresas de diversos ramos do setor florestal, não somente o moveleiro, obtenham a certificação e que, então, o consumidor possa ter opção de comprar produtos certificados dentro de determinadas classes de produtos. É o caso da certificação das gráficas, citado anteriormente, em que o consumidor passa a ter a opção de escolher entre agendas e cadernos certificados ou não. Idealmente, o consumidor poderia, também, escolher entre um móvel certificado ou não certificado.

No entanto, verifica-se que um dos maiores gargalos da certificação florestal ainda é a baixa oferta de matéria-prima certificada. Se na indústria moveleira, por exemplo, os principais fornecedores de chapas reconstituídas já estão certificados, o mesmo não se pode dizer dos fornecedores de madeira maciça, seja para utilização em móveis ou outros tipos de produtos. Além disso, o consumidor do mercado interno, mais sensível a preço, não inclui, na maior parte das vezes, a variável "meio ambiente" no momento de realizar suas compras.

Diante dessa realidade, torna-se importante que os selos dos sistemas de certificação tenham uma maior divulgação para que sejam inicialmente conhecidos pelos consumidores e que posteriormente tenham a sua preferência. De acordo com Alves et al. (2011d), os selos de cunho ambiental, como os da certificação florestal, funcionam como "marcas" e, por isso mesmo, devem estar fixados na memória do consumidor, contribuindo para a formação do mercado verde.

Com a progressiva divulgação dos selos no Brasil, a tendência é que eles passem a ser mais conhecidos pelos consumidores. Sem essa divulgação, torna-se praticamente sem efeito a associação do selo FSC, PEFC ou Cerflor com a marca de uma organização, pois seu cliente não entende a mensagem de responsabilidade social e ambiental atribuída à certificação. O consumidor pode até comprar o produto, mas a informação referente à "marca" do sistema de certificação não representará fator relevante para sua tomada de decisão no momento da compra. Em vez disso, ele baseará sua compra em aspectos relacionados aos produtos em si (qualidade, preço) e à marca da organização que o produz.

É importante que a certificação florestal faça parte da estratégia competitiva geral da organização e, para isso, ela deve ser capaz de sinalizar para seus clientes a "qualidade ambiental" de seus produtos. Torna-se fundamental que a organização realize uma boa estratégia de marketing para destacar o valor que está sendo oferecido ao consumidor. Para Alves (2010), o selo da certificação florestal, contido no produto, deve ser "lido e compreendido" pelos consumidores como mais um atributo, além daqueles que eles estão acostumados como qualidade, funcionalidade e *design*. Todavia, esse atributo vai ao encontro de suas expectativas de consumir um produto cuja matéria-prima veio de uma origem ambientalmente responsável.

Passada a fase inicial que correspondeu ao seu surgimento, a certificação florestal tem como desafio solidificar-se no mercado, legitimando e servindo de importante instrumento de diferenciação dos produtos de origem florestal destinados aos consumidores.

EXERCÍCIOS

1) Qual a importância da indústria moveleira para o setor florestal brasileiro?
2) Por que a certificação florestal é aplicável à indústria moveleira?
3) Quais são os principais entraves para a certificação de móveis? Como superar esses desafios?
4) Por que a certificação de gráficas e de embalagens tem contribuído para a difusão da certificação florestal perante o consumidor final?
5) Por que ao se obter a certificação florestal é importante que ela faça parte da estratégia geral da empresa?
6) Por que a certificação florestal representa uma garantia da procedência ambientalmente responsável da matéria-prima contida no produto?
7) Quais são as principais vantagens competitivas, principalmente em relação ao mercado externo, que a indústria moveleira brasileira poderia obter ao se certificar?

Parte 2

IMPLEMENTAÇÃO DA CERTIFICAÇÃO
FLORESTAL NA INDÚSTRIA

4 | Guia para implementação da certificação florestal na indústria

INTRODUÇÃO

Para obtenção da certificação de cadeia de custódia, uma das modalidades da certificação florestal, a indústria deve seguir e atender aos requisitos das normas *FSC Standard for Chain of Custody Certification*. Esse documento contém os requisitos aplicáveis a uma organização que busca esse tipo de certificação e seu atendimento é condição indispensável, caso opte pelo sistema de certificação FSC.

O presente "guia" foi elaborado com base em experiência prática em certificação de cadeia de custódia e também em consulta aos seguintes documentos:

- "Standard for Company Evaluation of FSC Controlled Wood – FSC-STD-40-005" (Version 2-1) – versão em inglês (FSC Standard, 2006).
- "Addendum to FSC Standard – FSC-STD-40-004 – FSC Product Classification – FSC-STD-40-004a" (Version 1-0) – versão em inglês (FSC Standard, 2007a).
- "Addendum to FSC Standard – FSC-STD-40-004 – FSC Species Terminology – FSC-STD-40-004b" (Version 1-0) – versão em inglês (FSC Standard, 2007b).
- "FSC On-Product Labeling Requirements – FSC-STD-40-201" (Version 2-0) – versão em inglês (FSC Standard, 2007c).
- "FSC Standard for Chain of Custody Certification – FSC-STD-40-004" (Version 2-0) – versão em inglês (FSC Standard, 2008).

Para o atendimento da norma citada anteriormente, recomenda-se que a indústria busque:

- Elaborar um manual de cadeia de custódia.
- Efetuar um controle de saldo de material certificado e de material de origem controlada (se for o caso).
- Efetuar o cálculo dos fatores de conversão no processo produtivo.

Embora o presente capítulo sirva como um guia para implementação e enfoque algumas sugestões e orientações visando a certificação de cadeia de custódia, a empresa interessada deverá sempre consultar possíveis atualizações e alterações ocorridas nos manuais e normas do sistema de certificação.

ELABORAÇÃO DO MANUAL DE CADEIA DE CUSTÓDIA

A elaboração de um manual de cadeia de custódia não constitui requisito obrigatório e exigido pela norma da certificação de cadeia de custódia. A sua elaboração, no entanto, deve ser incentivada, pois contribui para o esclarecimento de importantes itens de controle da área. Dessa forma, sugere-se que esse manual aborde os seguintes pontos:

- Análise das licenças e outros documentos legais da empresa.
- Análise do tipo de matéria-prima comprada pela empresa e sua procedência.
- Definição do grupo de produto a ser certificado.
- Definição do sistema de controle do volume de cadeia de custódia a ser adotado pela empresa.
- Definição de responsabilidades e políticas.
- Definição dos treinamentos sobre certificação florestal.
- Estabelecimento dos procedimentos operacionais necessários à obtenção e funcionamento da certificação de cadeia de custódia.

Recomenda-se que os pontos descritos anteriormente façam parte de um documento único intitulado "Manual de Cadeia de Custódia", que deve servir como fonte de consulta para direção, empregados e demais partes interessadas. Além disso, compilar todo o material em um único manual facilita sua revisão e atualização, que deve ser feita periodicamente.

Análise das licenças e outros documentos legais da empresa

Apesar de o FSC, até então, não requerer atendimento legal, dependendo do organismo certificador a empresa candidata à certificação de cadeia de custódia deve demonstrar que cumpre a legislação ambiental e trabalhista; essa comprovação geralmente ocorre por meio da apresentação de licenças e outros documentos legais.

Justifica-se a apresentação de tais documentos legais pela importância do fato de a empresa candidata também demonstrar compromisso com o atendimento aos diversos tipos de legislação a que está submetida.

Alguns dos documentos comumente requeridos são:

- Licenciamento ambiental.
- Alvará de funcionamento.
- Auto de vistoria do Corpo de Bombeiros.
- Programa de Prevenção de Riscos Ambientais (PPRA).
- Programa de Controle Médico de Saúde Ocupacional (PCMSO).
- Atestado de saúde ocupacional (ASO).
- Registros da Comissão Interna de Prevenção de Acidentes (Cipa).
- Comprovante de entrega de equipamentos de proteção individual (EPIs).

Análise do tipo de matéria-prima comprada pela empresa e sua procedência

A empresa candidata à certificação de cadeia de custódia deve averiguar o tipo de matérias-primas de origem florestal que compra e se elas são certificadas, não certificadas ou de origem controlada.

No caso do FSC, são consideradas matérias-primas certificadas somente aquelas que possuem a certificação florestal do sistema FSC. A identificação da certificação pode vir nas embalagens ou no próprio produto, porém é a informação da nota fiscal que deve ser utilizada para comprovação. Podem ser do tipo FSC Puro ou FSC Misto, conforme composição de material certificado que vem na matéria-prima.

Matéria-prima de origem controlada é definida pela norma *Standard for Company Evaluationof FSC Controlled Wood* (FSC Standard, 2006) como aquela que possui avaliação feita pela empresa e que verifica se a madeira possui origem legal, sem violação aos direitos civis e tradicionais de populações, sem conversão da floresta para usos de plantações ou uso não florestal e que não veio de florestas geneticamente modificadas nem de floresta de alto valor de conservação (FAVC). Esse processo deve ser atestado por uma entidade independente e reconhecida pelo FSC, que fará a verificação da aplicação da norma.

Para a certificação da cadeia de custódia de um produto de origem florestal é imprescindível que sua matéria-prima seja certificada e, caso possua componentes não certificados, que estes sejam de origem controlada.

Por fim, as matérias-primas não certificadas são aquelas que não atendem a nenhum dos dois tipos listados anteriormente.

Definição do grupo de produto a ser certificado

A empresa deve definir o seu grupo de produto a ser certificado, ou seja, a relação das espécies florestais utilizadas nas matérias-primas de seus produtos e, também, a relação dos tipos de produtos que irá produzir e comercializar como certificados.

Para a identificação das espécies florestais, a empresa deve utilizar o documento *FSC Species Terminology* (FSC Standard, 2007a) e para a identificação dos tipos de produtos deve utilizar o documento *FSC Product Classification* (FSC Standard, 2007b). A utilização desses dois documentos para a identificação e classificação das entradas de matérias-primas certificadas e saídas de produtos certificados está previsto na norma FSC *Standard for Chain of Custody Certification* (FSC Standard, 2008), que estabelece os requisitos gerais para a certificação da cadeia de custódia.

Definição do sistema de controle de volume a ser adotado pela empresa

De acordo com o documento *FSC Standard for Chain of Custody Certification* (FSC Standard, 2008), são três os sistemas aplicáveis na cadeia de custódia:

Sistema de transferência

Neste sistema, se a matéria-prima certificada for do tipo FSC Puro, ou seja, FSC 100%, pode gerar produtos do tipo FSC Puro. Outra possibilidade seria ter a matéria-prima do tipo FSC Puro ou do tipo FSC Misto, gerando produtos do tipo FSC Misto. Caso haja material de origem controlada, não é possível utilizar o sistema de transferência.

Sistema de porcentagem

Neste sistema, é possível haver matéria-prima do tipo FSC Puro e do tipo FSC Misto, gerando produtos do tipo FSC Misto. No entanto, torna-se necessário verificar a porcentagem existente no material certificado do tipo FSC Misto. Deve-se fazer um cálculo como no exemplo exposto: "quatro unidades de FSC Puro (100%) e oito unidades de FSC Misto 70%, gerando um produto FSC Misto 80%". O cálculo é

$$\frac{(4 \times 1,00) + (8 \times 0,70)}{4 + 8} \times 100 = 80\%$$

Outra possibilidade é a utilização de entrada de material do tipo FSC Puro, FSC Misto e *FSC Controlled Wood* (madeira controlada), esta última explicada anteriormente. No entanto, a madeira controlada entra no cálculo com a porcentagem zerada, como no exemplo: "quatro unidades de FSC Puro (100%), oito unidades de FSC Misto 70% e quatro unidades de *FSC Controlled Wood, gerando um produto* FSC Misto 60% ".

A seguir, tem-se o cálculo utilizado para se chegar à porcentagem do produto.

$$\frac{(4 \times 1,00) + (8 \times 0,70) + (4 \times 0)}{4 + 8 + 4} \times 100 = 60\%$$

Quando a porcentagem for maior que 70%, a empresa está apta a obter a certificação de cadeia de custódia e pode rotular o seu produto como certificado. Quando a porcentagem for menor que 70%, a empresa pode ser certificada, no entanto não pode rotular o seu produto, o que, em muitos casos, não será interessante para ela.

Sistema de crédito

Neste sistema, o material da entrada gera créditos que podem ser aproveitados na saída dos produtos. Podem ser utilizados material do tipo FSC Puro, FSC Misto e *FSC Controlled Wood*, como no exemplo: "quatro unidades de FSC Puro (100%), oito unidades de FSC Misto 70% e quatro unidades de FSC Controlled Wood".

O cálculo é: a soma do total de unidades na entrada foi de 4 + 8 + 4 = 16 unidades. Os créditos gerados representam a média ponderada: (4 x 1,00) + (8 x 0,70) + (4 x 0) = 4 + 5,6 = 9,6 unidades de crédito. A diferença do total das unidades na entrada (16) menos o total das unidades de crédito (9,6) geram o total de 6,4 unidades que podem ser vendidas como material *FSC Controlled Wood*. Nesse exemplo, a empresa teria, então:

- Gasto total de matéria-prima: 16 unidades.
- Crédito gerado para produtos certificados: 9,6 unidades.
- Crédito gerado para produtos a serem vendidos como de origem controlada: 6,4 unidades.

Definição de responsabilidades e políticas

Para o desenvolvimento de todo o processo visando a obtenção da certificação de cadeia de custódia, recomenda-se a definição das responsabilidades da empresa candidata e de políticas a serem implementadas, como pode ser visto a seguir:

- Comprometimento e responsabilidade da alta direção: torna-se indispensável que os proprietários da empresa comprometam-se a divulgar e a cumprir as políticas de cadeia de custódia e da madeira controlada, bem como as responsabilidades inerentes ao processo de certificação de cadeia de custódia pelo FSC. O processo visando a obtenção da certificação florestal deve ser visto pela alta administração como fator estratégico para a organização e, por isso mesmo, ela deve disponibilizar os meios e recursos necessários para atingir a certificação. Caso a empresa contrate um consultor, o comprometimento do proprietário é vital, pois é por meio da permissão dele que este profissional terá acesso aos documentos e setores da empresa necessários para a consecução de seu trabalho.

- Definição da pessoa responsável pela cadeia de custódia na empresa e suas atribuições: o comprometimento e a responsabilidade da empresa candidata, com relação às obrigações pertinentes à cadeia de custódia, devem ser estendidos à pessoa designada pela empresa como responsável pela condução e manutenção da certificação de cadeia de custódia na empresa. Esse responsável deve ser designado pela alta direção da empresa e é importante que suas atribuições e responsabilidades sejam definidas e que estejam em consonância com a política de cadeia de custódia e de madeira controlada adotada pela empresa. Ressalta-se que não se deve entender que todas as ações relacionadas à certificação fiquem sob a responsabilidade única e exclusiva dessa pessoa. A certificação deve ser entendida como de responsabilidade de todos e cada um deve dar a sua contribuição para que o processo funcione bem e atenda às exigências do padrão.

- Formação do comitê de cadeia de custódia: o trabalho do responsável designado pela alta direção da empresa pode ser auxiliado pelas chamadas "pessoas-chave" do processo e que correspondem àquelas que executam atividades relacionadas diretamente a um ou mais pontos críticos na rastreabilidade do material certificado e/ou, de origem controlada. É importante que essas pessoas sejam identificadas e capacitadas para atender às normas da certificação de cadeia de custódia. Desse modo, a empresa pode estabelecer um comitê de cadeia de custódia, que representaria o conjunto dessas "pessoas-chave" sob a orientação da pessoa responsável pela certificação na empresa. Deve-se ressaltar que a formação desse comitê não é exigência da norma, no entanto, sua constituição é importante para auxiliar no desenvolvimento do processo de certificação.

- Formulação da política de cadeia de custódia: outro aspecto recomendável é a formulação da política de cadeia de custódia da empresa; nessa política, a empresa compromete-se formalmente com o cumprimento dos requisitos exigidos para a cadeia de custódia. Para que a política apresente credibilidade, recomenda-se que ela seja assinada pelos membros da alta direção da empresa e apresentada e divulgada, de preferência, em uma reunião com todos os empregados, passando a fazer parte do manual de cadeia de custódia.

- Formulação da política para aquisição de madeira controlada (se necessário): quando uma empresa utiliza madeira que não está entre suas linhas certificadas, é necessário que essa madeira seja de origem controlada. Para isso, é preciso que seja formulada a política para aquisição de madeira controlada, na qual a empresa se compromete formalmente com o cumprimento dos requisitos exigidos para a compra e utilização de madeira de origem controlada *(FSC Controlled Wood)*.

Definição dos treinamentos sobre certificação florestal

A empresa deve ser capaz de promover treinamento para seus trabalhadores, enfatizando a importância da certificação florestal e os requisitos necessários para sua implementação, de maneira que eles estejam conscientizados sobre sua finalidade na empresa. No treinamento, pode ser repassado aos empregados os aspectos essenciais que estão listados no manual de cadeia de custódia.

Estabelecimento de procedimentos operacionais

Apesar de não ser requisito da norma, recomenda-se que a empresa elabore procedimentos operacionais (PO) que permitam a identificação dos pontos críticos de controle e das pessoas responsáveis em cada um deles. Os pontos críticos constituem as situações em que deve haver um controle interno, por parte da empresa, de modo a garantir a rastreabilidade do material certificado e/ou de origem controlada, e impedir sua mistura com material não certificado.

CONTROLE DO SALDO DE MATERIAL CERTIFICADO E DE MATERIAL DE ORIGEM CONTROLADA (GERAÇÃO E ABATIMENTO DO CRÉDITO)

Entre os procedimentos operacionais para controle dos requisitos exigidos pela certificação de cadeia de custódia, um dos mais complexos é o que faz o controle do saldo de material certificado e de material de origem controlada, quando se adota o sistema de créditos.

A empresa deve estabelecer um sistema de controle que permita verificar, com precisão, como ocorre a geração dos créditos de material certificado e de material de origem controlada e, ao mesmo tempo, permita que se verifique o abatimento do crédito.

CONTROLE DOS FATORES DE CONVERSÃO

Recomenda-se que a empresa seja capaz de calcular os fatores de conversão. Esses fatores correspondem às perdas que ocorrem no processo produtivo, ocasionadas por cortes, furos, defeitos na matéria-prima etc. A empresa estabelece, então, um método que seja capaz de identificar esses fatores e possa ser utilizado efetivamente na prática.

EXERCÍCIOS

1) Por que, mesmo não sendo obrigatório, é importante a elaboração de um manual de cadeia de custódia para a organização que pretenda passar pelo processo de certificação?

2) Quais são os principais elementos que devem estar contidos no manual de cadeia de custódia?

3) Quais são os principais aspectos e documentos relacionados à legislação que devem ser atendidos pela organização que se candidata à certificação de cadeia de custódia?

4) O que é matéria-prima certificada?

5) O que significa matéria-prima de origem controlada?

6) Quais são os tipos de controle de volume que podem ser adotados pela organização candidata à certificação de cadeia de custódia?

7) Quais são as principais diferenças entre os sistemas de controle de volume?

8) Em sua opinião, quais são as principais vantagens e desvantagens de cada um dos sistemas de controle de volume?

9) Por que é indispensável que haja comprometimento e responsabilidade da alta direção com o processo de certificação florestal? Justifique sua resposta.

10) Por que é importante que a empresa designe um empregado para ser o responsável pela condução interna de seu processo de certificação?

11) Embora não seja obrigatório pela norma, qual a função do comitê de cadeia de custódia?

12) Por que a organização deve formular uma política de cadeia de custódia? E, se necessário, porque ela deve formular uma política de madeira controlada?

13) Por que a empresa deve realizar periodicamente treinamentos referentes à certificação de cadeia de custódia?

5 Aplicação prática da implementação da certificação florestal na indústria

INTRODUÇÃO

O presente capítulo descreve a aplicação prática da implementação da certificação florestal na indústria moveleira, com base na experiência adquirida no mercado. Como dito anteriormente, embora a indústria moveleira seja utilizada como exemplo de certificação florestal neste livro, os conceitos e sugestões apresentados podem ser extrapolados para outras indústrias de base florestal.

As informações dessa aplicação prática, em consonância com o guia para implementação da certificação florestal apresentado no capítulo anterior, pode, com algumas adaptações, servir de orientação e roteiro para as indústrias de base florestal desejarem ser certificadas pelo sistema FSC. Contudo, a empresa interessada deverá sempre consultar possíveis atualizações e alterações ocorridas nos manuais e normas do sistema de certificação.

A empresa Móveis "A" (nome fictício) está situada em um dos polos moveleiros do Brasil. Foi fundada em janeiro de 1980, com apenas cinco empregados, e produzia dois tipos de guarda-roupas em um único padrão de acabamento. Em 2001, em conjunto com outras empresas moveleiras do polo, fundou um consórcio de exportação e, desde então, tem vendido também para o mercado externo.

Na ocasião do processo de implementação da certificação, a empresa possuía 136 empregados, ampliou mercados e a linha de produtos, e seus móveis eram comercializados para vários Estados do Brasil e para o exterior.

Além disso, a empresa fabricava cinco linhas de dormitórios, quatro linhas de armários de cozinha e duas linhas de móveis infantis.

De acordo com a classificação do Sebrae (2012), a empresa Móveis "A" era tida como de porte médio, considerando-se o número de empregados.

Para facilitar o entendimento e a comparação, o presente capítulo segue a orientação de tópicos estabelecidos no guia apresentado no capítulo anterior.

ELABORAÇÃO DO MANUAL DE CADEIA DE CUSTÓDIA NA PRÁTICA

Para a elaboração do manual de cadeia de custódia da Móveis "A", atende-ram-se os seguintes aspectos, conforme orientação do guia para implementação:

a) Análise das licenças e outros documentos legais da empresa.
b) Análise do tipo de matéria-prima comprada pela empresa e sua procedência.
c) Definição do grupo de produto a ser certificado.
d) Definição do sistema de controle de volume da cadeia de custódia.
e) Definição de responsabilidades e políticas.
f) Definição dos treinamentos sobre certificação florestal.
g) Estabelecimento dos procedimentos operacionais necessários à obtenção e funcionamento da certificação de cadeia de custódia.

Esses itens serão detalhados nos tópicos a seguir.

Análise das licenças e outros documentos legais da empresa

A Móveis "A" encontrava-se com toda a documentação em dia, o que pôde ser atestado com o comprovante das licenças e documentos legais. A empresa apresentou licenciamento ambiental, alvará de funcionamento, auto de vistoria do Corpo de Bombeiros, Programa de Prevenção de Riscos Ambientais (PPRA), Programa de Controle Médico de Saúde Ocupacional (PCMSO), atestado de saúde ocupacional (ASO), registros da Comissão Interna de Prevenção de Acidentes (Cipa) e comprovante de entrega de equipamentos de proteção individual (EPIs).

Análise do tipo de matéria-prima comprada pela empresa e sua procedência

Para fabricar seus três tipos de móveis (dormitórios, armários de cozinha e linha infantil), a Móveis "A" utilizava, basicamente, a matéria-prima MDP e um pouco de MDF. Os móveis da linha infantil, composta por berços e camas, continham, também, a madeira maciça de *Pinus*.

Verificou-se que alguns fornecedores da Móveis "A" eram certificados, outros comercializavam matéria-prima de origem controlada e outros não possuíam certificação, conforme exposto no Quadro 5.1.

Quadro 5.1: Relação de fornecedores da Móveis "A"

	FORNECEDOR (NOME FICTÍCIO)	UF	MATÉRIA-PRIMA COMPRADA	TIPO DE CERTIFICAÇÃO DO FORNECEDOR
1	X1	MG	MDP	FSC misto 70%
2	X2	SP	MDP	FSC misto 80%
3	X3	SP	MDF	FSC misto 80%
4	Y1	SP	FF[1]	FSC misto 70%
5	Y2	SP	Chapa de fibra[2]	FSC *Controlled Wood*
6	Z	Diversos	Madeira maciça de *Pinus*	Não certificada

[1] FF = *Finish Foil*. O material FF constitui-se em uma folha de papel especial impregnada com resina melamínica, que é fundida ao MDF por meio da alta temperatura do material e por pressão, resultando em painel pronto para uso. No caso da empresa citada, deve-se entender que a matéria-prima comprada corresponde ao painel de MDF com FF.

[2] Chapa de fibra = são chapas duras produzidas com fibras de madeira aglutinadas pelo processo de alta temperatura e pressão. Não recebem resina sintética, pois são prensadas a quente pelo processo úmido que reativa os aglutinantes naturais da própria madeira, a lignina. O resultado é uma chapa plana de alta densidade que pode ter várias opções de revestimentos e acabamentos.

Na classificação do quadro anterior, é importante destacar que os fornecedores X1, X2 e X3 representam a mesma empresa, porém a matéria-prima vem de fábricas diferentes. O mesmo ocorre com Y1 e Y2. Os fornecedores X e Y constituem-se nos principais fornecedores de chapas reconstituídas da indústria moveleira no Brasil.

Por meio do levantamento efetuado no Quadro 5.1, pode-se verificar que, como já ocorre entrada de material certificado no estoque da empresa, existe a possibilidade de fabricar produtos que também possam ser certificados. Caso não ocorresse essa entrada, a empresa teria de buscar fornecedores de matéria-prima certificada, o que poderia causar algum transtorno ao seu setor de compras e de produção. Diz-se "transtorno" porque, se uma empresa possui costume de usar determinada matéria-prima, pode não ser interessante realizar uma troca de fornecedor. Além disso, questões técnicas, como desempenho, durabilidade e qualidade podem restringir ou até mesmo inviabilizar essa troca.

Ademais, é possível observar outras duas situações que podem acontecer e que são importantes para empresas que venham a ter interesse na certificação:

- Situação 1: a empresa não compra matéria-prima certificada do Sistema Brasileiro de Certificação Florestal (Cerflor), apenas do sistema *Forest Stewardship Council* (FSC). Esse fato faz com que a Móveis "A" tenha de optar pelo sistema de certificação florestal FSC, pois um sistema não é reconhecido pelo outro. Caso desejasse obter a certificação florestal do Cerflor, a empresa Móveis "A" teria de buscar fornecedores que possuíssem matéria-prima certificada por esse sistema; nessa situação, optar pela troca de fornecedor também poderia causar algum "transtorno" ao seu setor de compras e de produção, pelos mesmos motivos já apresentados anteriormente.
- Situação 2: nem todos os fornecedores apresentam matéria-prima certificada. Dos seis fornecedores, quatro possuem matéria-prima certificada FSC, um possui matéria-prima controlada pelo FSC e o de madeira maciça não possui certificação alguma. Esse fato será importante na definição do sistema de cadeia de custódia a ser adotado pela empresa.

Definição do grupo de produto a ser certificado

Como a linha infantil (berços e camas) da empresa Móveis "A" utilizava madeira maciça de *Pinus* não certificada, verificou-se que não seria possível, em um primeiro momento, obter a certificação desses produtos. Por questões mercadológicas, a direção da empresa Móveis "A" decidiu obter a certificação de apenas uma de suas cinco linhas de dormitórios e apenas uma de suas quatro linhas de armários de cozinha.

A linha de dormitórios a ser certificada chama-se Barcelona, e a linha de armários de cozinha a ser certificada se denomina Paris. Os nomes são fictícios, no entanto, todos os dados apresentados são reais. As duas linhas a serem certificadas utilizavam matéria-prima advinda dos fornecedores listados no Quadro 5.1, porém não utilizavam a madeira maciça de *Pinus* não certificada.

Confirmou-se dessa forma, que é possível que uma empresa defina linhas de produtos que venham a ser certificadas (no caso da empresa Móveis "A", as linhas Paris e Barcelona) e linhas de produtos que não venham a ser certificadas (todas as outras linhas, inclusive as infantis que utilizam matéria-prima não certificada). Contudo, as linhas certificadas devem ser abastecidas por matéria-prima certificada ou não certificada, desde que estas últimas possuam origem controlada.

De acordo com o documento *FSC Species Terminology* (FSC Standard, 2007a), foi definida a classificação das espécies florestais utilizadas pela empresa na fabricação de seus produtos. O MDP e o MDF utilizado pela empresa eram confeccionados a partir de duas espécies florestais, conforme apresentado no Quadro 5.2.

Quadro 5.2: Relação das espécies utilizadas na entrada de material certificado da empresa Móveis "A"

ESPÉCIES
Pinus sp.
Eucalyptus sp.

De acordo com o documento *FSC Product Classification* (FSC Standard, 2007b), foi definida a classificação dos produtos fabricados pela empresa, conforme apresentado no Quadro 5.3.

Quadro 5.3: Classificação dos produtos certificados pela empresa Móveis "A"

CLASSE DE PRODUTO	TIPO DE PRODUTO
381 *Furniture*	**3813** *Other wooden furniture, of a kind used in the kitchen* (Outros móveis de madeira, do tipo usado em cozinhas)
	3814 *Other furniture n.e.c.* (Outros tipos de móveis que não constarn da classificação do manual, por exemplo, móveis para dormitório)

A classificação das matérias-primas e produtos apresentada anteriormente constitui exigência do documento *FSC Standard for Chain of Custody Certification* (FSC Standard, 2008).

Definição do sistema de controle de volume

Seguindo as orientações do documento *FSC Standard for Chain of Custody Certification* (FSC Standard, 2008), constatou-se que, no caso da Móveis "A":

- O sistema de transferência seria inviável, visto que as linhas certificadas Barcelona e Paris utilizavam, para a fabricação de seus móveis, a chapa de fibra de origem controlada. A presença de um material que não seja certificado, mesmo que controlado, inviabiliza essa modalidade.

- O valor da porcentagem da matéria-prima certificada dos fornecedores da empresa Móveis "A" estava muito próximo dos 70% (Quadro 5.1), o que dificultaria que a média ponderada fosse de, no mínimo, 60%; como havia interesse da empresa em rotular seus produtos, tornou-se um sistema inviável de ser implementado. Além disso, a inclusão do material controlado nesta conta desfavoreceria ainda mais a utilização desse sistema (verificar explicação no tópico "Definição do sistema de controle de volume a ser adotado pela empresa", Capítulo 4).

- O sistema de créditos foi considerado o mais adequado para a situação da empresa Móveis "A", visto que suas duas linhas certificadas utilizavam material de origem controlada (inviabilizando o uso de sistema de transferência), e seus materiais certificados estavam muito próximos da porcentagem 70% (inviabilizando a rotulagem desejada pela empresa). Além disso, o sistema de créditos permite que a empresa vá criando um "estoque de créditos" proveniente de suas entradas de matérias-primas certificadas para posteriormente "debitar" ao vender os móveis de suas linhas certificadas.

- Pode-se inferir que boa parte das empresas moveleiras, futuras candidatas à certificação de cadeia de custódia, tenha de adotar o sistema de créditos. Isso ocorre porque os principais fornecedores de matérias-primas certificadas para a indústria moveleira trabalham com porcentagens próximas aos 70%, dificultando a adoção do sistema de porcentagens e, também, por ser comum a utilização de matérias-primas não certificadas. Por outro lado, se a empresa utiliza somente matéria-prima certificada em suas linhas, a melhor alternativa será a adoção do sistema de transferência.

Definição de responsabilidades e políticas

De acordo com as orientações do guia para a implementação da certificação, a Móveis "A" definiu algumas responsabilidades e políticas, apresentadas a seguir.

Comprometimento e responsabilidade da alta direção

No caso da empresa Móveis "A", seus proprietários comprometeram-se a divulgar e a cumprir a política de cadeia de custódia, bem como as responsabilidades inerentes ao processo de certificação. Além disso, a alta administração da empresa se comprometeu a:

- Dar todo o respaldo e as condições de trabalho ao empregado designado como responsável pela certificação de cadeia de custódia, inclusive com apoio de recursos humanos e financeiros.
- Promover a substituição do empregado responsável quando necessário.
- Garantir que o processo de certificação de cadeia de custódia na empresa fosse com base na ética, transparência e responsabilidade com relação às exigências e obrigações da certificação florestal FSC.
- Promover seus produtos certificados, bem como a marca FSC, de acordo com os critérios exigidos pelo sistema de certificação.

Definição do responsável pela cadeia de custódia na empresa e suas atribuições

No caso da empresa Móveis "A", foi definido que competia ao empregado responsável pela cadeia de custódia:

- Acompanhar o processo da certificação de cadeia de custódia na empresa, bem como os ajustes e monitoramentos subsequentes.
- Estabelecer auditorias internas para garantir que o processo de rastreabilidade ocorresse de forma eficiente e satisfatória.
- Promover a atualização permanente das informações da certificação florestal por meio de consulta ao website oficial do FSC, inclusive com relação a possíveis alterações que viessem a surgir.
- Promover a difusão dessas informações sobre a certificação florestal aos demais empregados da empresa, à direção e, também, aos clientes, sempre que necessário.
- Desenvolver programas periódicos de treinamento de cadeia de custódia aos empregados, enfatizando a responsabilidade no controle dos pontos críticos da rastreabilidade do material certificado na empresa.
- Controlar o saldo dos créditos para posterior venda de móveis certificados (*FSC Credit Mixed*) e de móveis com origem controlada (*FSC Controlled Wood*).

Formação do comitê de cadeia de custódia

No caso da empresa Móveis "A", as principais atribuições dos "trabalhadores-chave" eram:

- Zelar pela responsabilidade do seu trabalho, principalmente nas questões que envolviam sua relação com algum ponto crítico da cadeia de custódia.
- Assumir a função de multiplicador de conhecimento e comprometimento com a política de cadeia de custódia e com a política de madeira controlada da empresa.
- Reportar-se ao empregado responsável pela cadeia de custódia na empresa sempre que houvesse alguma dúvida, questionamento ou sugestão.

Os "trabalhadores-chave" foram definidos a partir das funções que se relacionavam com os pontos críticos identificados na cadeia de custódia da empresa. Além disso, as características do trabalhador com relação a fatores como dinamismo e responsabilidade também foram decisivas em cada setor.

No Quadro 5.4, apresenta-se a relação do comitê de cadeia de custódia da empresa Móveis "A", destacando o nome do "empregado-chave" (nome fictício), sua função na empresa e o procedimento operacional relacionado à sua atividade.

Quadro 5.4: Comitê de certificação de cadeia de custódia da Móveis "A"

EMPREGADO-CHAVE (NOME FICTÍCIO)	FUNÇÃO NA EMPRESA	PROCEDIMENTO(S) RELACIONADO(S) À SUA ATIVIDADE*
Alexandre (empregado responsável)	Técnico em segurança do trabalho	P010 e P011
Fabrícia	Comprador	P001 e P005
Walter	Almoxarife de chapas	P002 e P003
Vilson	Operador de empilhadeira	P002 e P003
Marcileia	Auxiliar de escrituração fiscal	P004
Lilian	Auxiliar de embalagem	P006
Neide	Auxiliar de embalagem	P006
Virgínia	Montagem de porta de vidro	P007
Maria	Faturista	P008
Fernando	Operador de computador	P009 e P012
Luciano	Sócio administrativo	P010
José	Auxiliar de marketing	P013

* Os procedimentos operacionais são descritos posteriormente.

Formulação da política de cadeia de custódia

A alta direção da empresa Móveis "A" elaborou sua política de cadeia de custódia e a apresentou no treinamento geral sobre certificação florestal realizado em suas dependências. Além disso, a empresa passou a divulgar sua política por meio de panfletos, cartazes e website.

Na Figura 5.1, apresenta-se a política de cadeia de custódia da empresa Móveis "A".

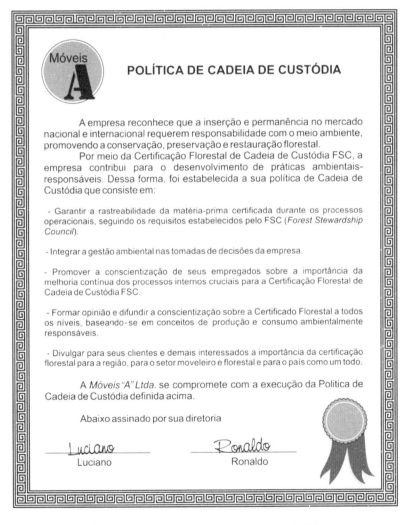

Figura 5.1: Política de cadeia de custódia da empresa Móveis "A".

Formulação da política para aquisição de madeira controlada

A política para aquisição de madeira controlada da empresa Móveis "A" foi assinada pela alta direção, apresentada e divulgada a todos os empregados por meio de panfletos, cartazes e website.

Na Figura 5.2, apresenta-se a Política para Aquisição de Madeira Controlada da empresa Móveis "A".

Figura 5.2: Política para aquisição de madeira controlada da empresa Móveis "A".

Verifica-se que o envolvimento e o respaldo da alta administração da empresa no processo de certificação é condição fundamental para seu sucesso. A alta administração deve disponibilizar os recursos necessários para a implementação e cumprir as políticas de cadeia de custódia e de aquisição de madeira controlada estabelecidas. Além disso, deve ser capaz de acompanhar o trabalho realizado pelo responsável e pelo comitê de cadeia de custódia, fazendo análise crítica do funcionamento do sistema e intervindo quando julgar necessário.

Definição dos treinamentos sobre certificação florestal

A empresa Móveis "A" estruturou seus treinamentos em duas partes. A primeira (treinamento geral) foi direcionada a todos os empregados da empresa e objetivou:

- Reconhecer as fases do processo de funcionamento da certificação florestal, desde a certificação do manejo florestal até a cadeia de custódia.
- Compreender o processo da certificação de cadeia de custódia em que a empresa estava se inserindo.
- Enfatizar a necessidade da participação de todos os empregados e da direção da empresa no processo de certificação florestal.
- Apresentar as políticas de cadeia de custódia e de aquisição de madeira controlada estabelecidas pela empresa.

A segunda parte do treinamento (treinamento específico) foi direcionada aos "empregados-chave" do processo. Nesse treinamento, os empregados foram treinados de acordo com os respectivos procedimentos operacionais. A empresa registrou o treinamento por meio de uma lista de presença em que todos assinaram e, também, por meio de fotos, e arquivou tais informações em uma pasta em poder do empregado responsável pela cadeia de custódia.

Além dos treinamentos iniciais, a empresa incluiu o item "treinamento" em um procedimento operacional (PO) específico, pois ela deverá, periodicamente, oferecer treinamentos sobre certificação de cadeia de custódia aos empregados.

Estabelecimento dos procedimentos operacionais (PO)

No Quadro 5.4 foi apresentada a relação dos "empregados-chave" que faziam parte do comitê de cadeia de custódia da empresa Móveis "A", sua função e os procedimentos operacionais dos quais faziam parte.

Os procedimentos operacionais da empresa Móveis "A" foram divididos em duas partes. Na primeira, foram elaborados procedimentos inerentes ao controle de entradas e saídas de matéria-prima certificada e/ou de origem controlada (*FSC Controlled Wood*). Na segunda, foram elaborados os chamados procedimentos auxiliares, que contribuem para a certificação de cadeia de custódia, a exemplo dos procedimentos de registro e treinamento.

Para facilitar a visualização dos pontos críticos e o entendimento dos procedimentos de rastreabilidade, foi elaborado o fluxograma apresentado na Figura 5.3.

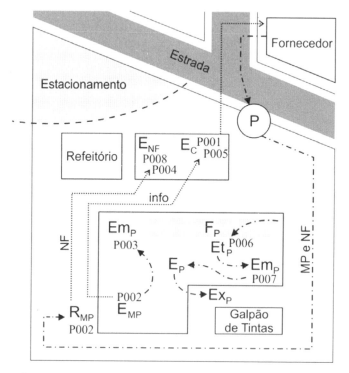

Figura 5.3: Fluxograma para visualização dos pontos críticos e entendimento dos procedimentos de rastreabilidade de material certificado e/ou de origem controlada na Móveis "A".

Verificou-se que a empresa Móveis "A" já possuía um controle interno com relatórios informando a ordem de produção (OP) do dia, que gerava um número sequencial que representava seu lote de produção. Por meio desse lote de produção, era possível para a empresa rastrear qualquer móvel que, por ventura, apresentasse defeito de fabricação ao ser utilizado por um cliente. Apesar de o sistema de créditos não requerer a rastreabilidade física do material certificado, para a empresa moveleira estudada esse tipo de controle deu mais garantia ao sistema.

O número da OP constava na etiqueta afixada na embalagem de todos os produtos da empresa, conforme mostrado na Figura 5.4.

Figura 5.4: Exemplo de controle interno estabelecido pela empresa Móveis "A" ao identificar sua OP nas etiquetas afixadas nas embalagens de seus produtos acabados.

Essa informação já existente na empresa (relatórios e lote de produção) contribuiu para facilitar o rastreamento da matéria-prima certificada ou de origem controlada (*FSC Controlled Wood*).

Para a empresa Móveis "A" foram identificados e elaborados, de acordo com o fluxograma da Figura 5.3, os procedimentos de rastreabilidade necessários ao funcionamento da certificação de cadeia de custódia, apresentados a seguir.

Procedimentos de rastreabilidade

Os procedimentos de rastreabilidade foram apresentados, inicialmente, no Quadro 5.4:

P001 Compra de matéria-prima certificada e/ou de origem controlada.
P002 Recebimento e estocagem de matéria-prima certificada FSC e/ou de origem controlada.

P003 Entrada de matéria-prima certificada FSC e/ou de origem controlada no fluxo de produção.

P004 Entrada de matéria-prima certificada FSC e/ou de origem controlada via sistema informatizado.

P005 Saída de matéria-prima certificada FSC e/ou de origem controlada via sistema informatizado.

P006 Etiquetagem dos produtos com a marca da empresa e com o selo FSC.

P007 Separação e embalagem dos produtos com a marca da empresa e com o selo FSC.

P008 Emissão de nota fiscal de saída com os produtos certificados FSC e/ou produtos com madeira de origem controlada.

Procedimentos auxiliares

Os chamados procedimentos auxiliares são controles internos que a empresa realiza e que contribuem para a eficácia dos procedimentos de rastreabilidade. No caso da Móveis "A", foram identificados os seguintes procedimentos auxiliares:

P009 Controle de geração de crédito de material certificado e de material de origem controlada.

P010 Autorização para produção e emissão de nota fiscal de saída, de produtos certificados FSC e/ou produtos com madeira de origem controlada.

P011 Plano de treinamento.

P012 Geração de sumário de compras, produção e vendas.

P013 Utilização da logomarca FSC.

Cada um dos procedimentos descritos representa uma situação de controle interno que deve ser realizado pela empresa.

No exemplo apresentado na Figura 5.3, o escritório de compras (EC) da empresa envia um pedido de compra de matéria-prima certificada e/ou de origem controlada (Procedimento P001) para o fornecedor. Este, após receber e processar o pedido, encaminha a matéria-prima que chega, via caminhão, à portaria (P) da empresa para identificação e posterior entrada em suas dependências. No interior da empresa há uma equipe preparada para o recebimento da matéria-prima (RMP). Nesse processo identifica-se o procedimento P002 correspondente ao recebimento e estocagem de matéria-prima e/ou de origem controlada. A matéria-prima fica, então, estocada em determinada área do galpão (EMP) para uso posterior, enquanto que a nota fiscal correspondente a ela vai ser entregue ao escritório de informática (ENF) responsável pelo lançamento da matéria-prima no sistema informatizado da empresa (P004), para seu controle interno.

Quando a empresa necessita produzir, ocorre o deslocamento físico da matéria-prima do local de estocagem (EMP) para a entrada na linha de produção (EnP), identificando-se o procedimento P003. Paralelamente, a empresa envia um formulário ao escritório de compras (EC) informando o tipo e volume de matéria-prima que está sendo retirado do estoque (EMP) para fins de produção. Essa ação ocasiona o surgimento do procedimento P005 que corresponde à baixa (ou saída) de matéria-prima no sistema informatizado da empresa e que servirá de controle interno de estoque para o escritório de compras.

No fluxo de produção (FP), a matéria-prima passa pelas etapas de corte, furação e pintura e, ao final, passará ao setor de etiquetagem do produto (EtP), cuja ação corresponde ao procedimento P006. Nessa etapa, a matéria-prima já representa as peças que constituirão um novo produto (móvel certificado) e que serão agrupadas no setor de embalagem do produto (EmP), cuja ação corresponde ao procedimento P007. Posteriormente, o produto, agora embalado, irá para o setor de estocagem do produto (EP), aguardando o momento de sua expedição (EXP), na qual deverá haver a emissão de uma nota fiscal de venda do móvel certificado pelo escritório de informática e que corresponde ao procedimento P008.

A seguir são apresentados os treze procedimentos (Quadros 5.5 a 5.17) utilizados na Móveis "A". Para cada um deles é descrito o título do procedimento, seu responsável, o material necessário e as atividades propriamente ditas que são realizadas e sua relação com a certificação de cadeia de custódia.

Uma indústria que deseja obter a certificação florestal, seja moveleira ou não, pode utilizar-se dos modelos a seguir, efetuando as devidas adaptações necessárias à sua realidade.

Quadro 5.5: Procedimento P001. Compra de matéria-prima certificada e/ou controlada

MÓVEIS "A"	PROCEDIMENTO OPERACIONAL	NÚMERO: P001 REVISÃO: / /
Título: Compra de matéria-prima certificada e/ou controlada		Aprovação: 11/01/2010 Implantação: 12/01/2010
Aplicação: Departamento de compras		
Responsável: Fabrícia		
Utilização: Sempre que há necessidade de abastecimento de matéria-prima		
MATERIAL NECESSÁRIO		
Computador com acesso à internet		
Telefone		
Arquivo para registro das informações de compra de material certificado		
ATIVIDADES		
1. Manter em dia o registro de fornecedores de matéria-prima certificada FSC ou de madeira controlada, por meio de uma lista atualizada mensalmente, contendo o número da certificação FSC (ou madeira controlada) e o grupo de produto, por meio de consulta ao site do FSC: http://www.fsc-info.org.		
2. Ao fazer o pedido, verificar se o fornecedor ainda possui certificado e o número da certificação FSC (ou madeira controlada), no site do FSC: http://www.fsc-info.org.		
3. Lançar o pedido de compra no sistema e enviá-lo ao fornecedor certificado, informando: Nome e endereço do fornecedor; Descrição da matéria-prima certificada FSC ou controlada que será comprada (MDF, MDP, chapa de fibra etc.); Quantidade da matéria-prima certificada FSC ou controlada e informações relacionadas a preço, prazo e condição de pagamento.		
4. Solicitar, no corpo do pedido de compra, que o fornecedor envie a nota fiscal da matéria-prima certificada FSC com a informação "FSC *Mixed Credit*", no caso de sistema de créditos, ou "FSC *Mixed* x%", no caso de sistema de porcentagem. No caso de material controlado, que a nota fiscal venha com a informação "*FSC Controlled Wood*".		
5. Manter o registro dos pedidos de compra realizados por pelo menos cinco anos.		
Responsável pelo setor: *Fabrícia* Assinatura:		Responsável pela certificação na empresa: *Alexandre* Assinatura:

Quadro 5.6: Procedimento P002. Recebimento e estocagem de matéria-prima certificada FSC e/ou controlada

MÓVEIS "A"	PROCEDIMENTO OPERACIONAL	NÚMERO: P002 REVISÃO: / /
Título: Recebimento e estocagem de matéria-prima certificada FSC e/ou controlada (d)		Aprovação: 11/01/2010 Implantação: 12/01/2010
Aplicação: Pátio de armazenamento de matéria-prima		

(continua)

Aplicação prática da implementação da certificação florestal na indústria | 61

Quadro 5.6: Procedimento P002. Recebimento e estocagem de matéria-prima certificada FSC e/ou controlada *(continuação)*

MÓVEIS "A"	PROCEDIMENTO OPERACIONAL	NÚMERO: P002 REVISÃO: / /
Responsável: Walter/Vilson		
Utilização: De acordo com a chegada da matéria-prima		
MATERIAL NECESSÁRIO		
Telefone		
Nota fiscal do fornecedor		
Placas informativas para material certificado FSC, controlado e não certificado		
ATIVIDADES		
1. Conferir a existência de informação de que o produto é certificado FSC e/ou controlado na nota fiscal do fornecedor.		
2. Após a conferência da matéria-prima e da nota fiscal, levar a matéria-prima para a pilha de estoque correspondente ao material certificado FSC e identificá-la como certificada. Caso a matéria-prima seja controlada, ela deve ser colocada em uma pilha de estoque própria e identificada como controlada.		
3. Manter as informações vindas do fornecedor em todas as pilhas para maior controle e organização do estoque.		
4. Garantir que não haja mistura dos materiais certificados FSC, dos materiais controlados e dos não certificados por meio do encaminhamento dos materiais aos locais indicados pelas placas informativas.		
Responsável pelo setor: *Walter*		Responsável pela certificação na empresa: *Alexandre*
Assinatura:		Assinatura:

Quadro 5.7: Procedimento P003. Entrada de matéria-prima certificada FSC e/ou controlada no fluxo de produção

MÓVEIS "A"	PROCEDIMENTO OPERACIONAL	NÚMERO: P003 REVISÃO: / /
Título: Entrada de matéria-prima certificada FSC e/ou controlada no fluxo de Produção		Aprovação: 11/01/2010 Implantação: 12/01/2010
Aplicação: Almoxarifado		
Responsável: Walter/Vilson		
Utilização: No abastecimento da máquina de corte		
MATERIAL NECESSÁRIO		
Planilha de controle		
ATIVIDADES		
1. Estar ciente de que as linhas Barcelona e Paris fazem parte do escopo da certificação e, por isso, necessitam de controle.		

(continua)

Quadro 5.7: Procedimento P003. Entrada de matéria-prima certificada FSC e/ou controlada no fluxo de produção *(continuação)*

MÓVEIS "A"	PROCEDIMENTO OPERACIONAL	NÚMERO: P003 REVISÃO: / /
2. Ao receber a informação referente à quantidade de material certificado FSC e/ou controlado requisitado pelo setor de corte para produção, verificar se é das linhas Barcelona ou Paris.		
3. Caso seja das linhas Barcelona ou Paris, orientar o operador da empilhadeira sobre o local correto em que está estocado o material certificado FSC e/ou controlado e o direcionamento de tal material para o setor de corte.		
4. Registrar na planilha de controle informações sobre o lote, a data e quantidade retirada do estoque, e direcionadas ao setor de corte, referentes ao material para produção das linhas certificadas Barcelona ou Paris para posterior baixa no sistema informatizado.		
5. Retornar ao estoque a matéria-prima certificada FSC e/ou controlada que por acaso não for totalmente utilizada durante a produção do dia das linhas Barcelona ou Paris. Anotar a sua quantidade na planilha de controle para efeitos de baixa.		
6. Enviar a planilha de controle para o empregado responsável pela baixa da matéria-prima no sistema.		
Responsável pelo setor: *Walter* Assinatura:		Responsável pela Certificação na Empresa: *Alexandre* Assinatura:

Quadro 5.8: Procedimento P004. Entrada de matéria-prima certificada FSC e/ou controlada via sistema informatizado

MÓVEIS "A"	PROCEDIMENTO OPERACIONAL	NÚMERO: P004 REVISÃO: / /
Título: Entrada de matéria-prima certificada FSC e/ou controlada via sistema informatizado		Aprovação: 11/01/2010 Implantação: 12/01/2010
Aplicação: Escritório		
Responsável: Marcileia		
Utilização: Depois que a matéria-prima já estiver armazenada em local adequado e a nota fiscal for repassada para o escritório		
MATERIAL NECESSÁRIO		
Computador		
Notas fiscais do fornecedor		
Arquivo para armazenamento das notas fiscais e demais informações dos fornecedores certificados		
ATIVIDADES		
1. Conferir a informação de que o produto é certificado FSC e/ou controlado na nota fiscal do fornecedor.		

(continua)

Quadro 5.8: Procedimento P004. Entrada de matéria-prima certificada FSC e/ou controlada via sistema informatizado *(continuação)*

MÓVEIS "A"	PROCEDIMENTO OPERACIONAL	NÚMERO: P004 REVISÃO: / /
2. Conferir se o número do material certificado (CoC FSC) e/ou controlado (CW FSC) que consta na nota fiscal do fornecedor corresponde ao mesmo CoC FSC e/ou CW FSC do fornecedor por meio de consulta ao site do FSC: http://www.fsc-info.org.		
3. Registrar as informações (data de chegada, código e quantidade dos produtos) das notas fiscais do fornecedor, por meio do pedido de compra. Após a entrada da nota fiscal, o estoque correspondente da matéria-prima é lançado automaticamente.		
4. Armazenar todas as notas fiscais e demais informações dos fornecedores certificados por, no mínimo, cinco anos.		
Responsável pelo setor: *Marcileia*	Responsável pela Certificação na Empresa: *Alexandre*	
Assinatura:	Assinatura:	

Quadro 5.9: Procedimento P005. Saída de matéria-prima certificada FSC e/ou controlada via sistema informatizado

MÓVEIS "A"	PROCEDIMENTO OPERACIONAL	NÚMERO: P005 REVISÃO: / /
Título: Saída de matéria-prima certificada FSC e/ou controlada via sistema informatizado	Aprovação: 11/01/2010 Implantação: 12/01/2010	
Aplicação: Escritório		
Responsável: Fabrícia		
Utilização: Após a chegada da planilha de controle do almoxarifado para efetuar as baixas no estoque de matéria-prima		
MATERIAL NECESSÁRIO		
Planilha de controle do setor de almoxarifado		
Computador		
Arquivo específico para as informações contidas na planilha de controle		
ATIVIDADES		
1. Recebimento da planilha de controle do setor de almoxarifado com a quantidade de matéria-prima para dar baixa no estoque.		
2. Averiguação das quantidades de matéria-prima certificada FSC, controlada e não certificada e os respectivos fornecedores.		
3. Baixa do estoque de matéria-prima certificada FSC, controlada e não certificada, de acordo com a planilha do almoxarifado.		
4. Armazenamento das informações da planilha de controle por, pelo menos, 5 anos.		
Responsável pelo setor: *Fabrícia*	Responsável pela Certificação na Empresa: *Alexandre*	
Assinatura:	Assinatura:	

Quadro 5.10: Procedimento P006. Etiquetagem dos produtos com a marca da empresa e o selo FSC

MÓVEIS "A"	PROCEDIMENTO OPERACIONAL	NÚMERO: P006 REVISÃO: / /
Título: Etiquetagem dos produtos com a marca da empresa e o selo FSC		Aprovação: 11/01/2010 Implantação: 12/01/2010
Aplicação: Setor de etiquetagem		
Responsável: Lilian/Neide		
Utilização: Após a etapa do processo de pintura		
MATERIAL NECESSÁRIO		
Manual para etiquetagem e tipo de peça		
Lista de produção do dia		
Etiquetas com o selo FSC		
ATIVIDADES		
1. Identificação das peças de cada linha de produtos por meio do "Manual para etiquetagem e tipos de peça", que está em poder do funcionário do setor de etiquetagem.		
2. Etiquetagem com o selo FSC de acordo com as normas de rotulagem do sistema. Os produtos das linhas Barcelona e Paris que estão identificados como produtos certificados na lista de produção devem ser etiquetados com o selo. **Somente ocorrerá a etiquetagem do produto com o selo FSC caso haja uma ordem para tal, conforme o P010.**		

3. Produtos a serem etiquetados:
■ Produtos da linha Barcelona que farão parte do escopo da certificação:
  • Guarda-roupa Móveis "A" Barcelona 42
  • Guarda-roupa Móveis "A" Barcelona 31
  • Guarda-roupa Móveis "A" Barcelona 32
  • Cômoda Móveis "A" Barcelona 40
  • Criado-mudo Móveis "A" Barcelona 11
■ Produtos da linha Paris que farão parte do escopo da certificação:
  • Armário Móveis "A" Paris 67
  • Cozinha Móveis "A" Paris 69
  • Balcão Móveis "A" Paris 63		

Responsável pelo setor: *Lilian* Assinatura:		Responsável pela Certificação na Empresa: *Alexandre* Assinatura:

Quadro 5.11: Procedimento P007. Separação e embalagem dos produtos com a marca da empresa e o selo FSC

MÓVEIS "A"	PROCEDIMENTO OPERACIONAL	NÚMERO: P007 REVISÃO: / /
Título: Separação e embalagem dos produtos com a marca da empresa e o selo FSC		Aprovação: 11/01/2010 Implantação: 12/01/2010
Aplicação: Setor de embalagem		
Responsável: Virgínia		
Utilização: Após a etiquetagem do produto		
MATERIAL NECESSÁRIO		
Manual para separação e embalagem		
Lista de produção do dia		
Etiquetas com o selo FSC		
ATIVIDADES		
1. Identificação e separação das peças de cada linha de produtos de acordo com o estabelecido no "Manual para embalagem e tipos de peça", que está em poder do empregado do setor de embalagem.		
2. As peças devem ser agrupadas, pois irão compor cada produto que será posteriormente embalado.		
3. Embalagem do produto com o selo FSC e de acordo com as normas de rotulagem do sistema. Os produtos da linha Barcelona e Paris que constam como produtos certificados na lista de produção devem ser identificados com o selo FSC na embalagem. **Somente ocorrerá a etiquetagem da embalagem com o selo FSC caso haja uma ordem para tal, conforme o P010.**		
4. Produtos a serem etiquetados: ▪ Produtos da linha Barcelona que farão parte do escopo da certificação: ▫ Guarda-roupa Móveis "A" Barcelona 42 ▫ Guarda-roupa Móveis "A" Barcelona 31 ▫ Guarda-roupa Móveis "A" Barcelona 32 ▫ Cômoda Móveis "A" Barcelona 40 ▫ Criado-mudo Móveis "A" Barcelona 11 ▪ Produtos da linha Paris que farão parte do escopo da certificação: ▫ Armário Móveis "A" Paris 67 ▫ Cozinha Móveis "A" Paris 69 ▫ Balcão Móveis "A" Paris 63		
Responsável pelo setor: *Virgínia* Assinatura:		Responsável pela Certificação na Empresa: *Alexandre* Assinatura:

Quadro 5.12: Procedimento P008. Emissão de nota fiscal de saída com os produtos certificados FSC e/ou produtos com madeira controlada

MÓVEIS "A"	PROCEDIMENTO OPERACIONAL	NÚMERO: P008 REVISÃO: / /
Título: Emissão da nota fiscal de saída com os produtos certificados FSC e/ou produtos com madeira controlada		Aprovação: 11/01/2010 Implantação: 12/01/2010
Aplicação: Setor de faturamento		
Responsável: Maria		
Utilização: Quando for dada a ordem para emissão de nota fiscal com produtos certificados e/ou produtos com madeira controlada (P010)		
MATERIAL NECESSÁRIO		
Nota fiscal de saída da empresa		
Telefone		
ATIVIDADES		
1. Emitir a nota fiscal de saída de acordo com as especificações da venda realizada. Observações: a) Os produtos certificados são identificados na nota fiscal de saída como "FSC *Mixed Credit*", independentemente do fato de a venda ser para o mercado interno ou externo. b) Os produtos controlados são identificados na nota fiscal de saída como "*FSC Controlled Wood*", independentemente do fato de a venda ser para o mercado interno ou externo.		
2. No caso de venda para o mercado externo, a empresa segue todas as normas e tributações aplicadas, conforme exigência em vigor. Na exportação, a Móveis "A" emite diretamente ao cliente do exterior uma nota fiscal de saída, da mesma maneira como faz para um cliente do mercado interno, com valores em reais. Assim, os procedimentos para inclusão da informação sobre produto certificado e/ou controlado seguem o mesmo identificado no item 1 do presente procedimento. No entanto, o documento comercial da exportação é a fatura pró-forma, na qual estão todas as informações, sendo os valores em dólares ou em outra moeda. Este documento, a fatura pró-forma, contém todas as informações constantes na nota fiscal de saída, inclusive as referentes aos produtos certificados e/ou controlados. **Dessa forma, o controle de créditos, tanto para material certificado quanto para material controlado, se dá do mesmo modo que na venda para o mercado nacional, ou seja, por meio da nota fiscal de saída.**		
3. Identificar como produtos certificados FSC e/ou controlados os produtos das linhas Barcelona e Paris que atendem a esse requisito, para emissão da nota fiscal. **Somente ocorrerá a emissão de nota fiscal com produtos certificados FSC e/ou controlados caso haja uma ordem para tal, conforme o P010.**		

(continua)

Aplicação prática da implementação da certificação florestal na indústria | 67

Quadro 5.12: Procedimento P008. Emissão de nota fiscal de saída com os produtos certificados FSC e/ou produtos com madeira controlada *(continuação)*

MÓVEIS "A"	PROCEDIMENTO OPERACIONAL	NÚMERO: P008 REVISÃO: / /
4. Produtos a serem identificados como certificados FSC e/ou controlados na nota fiscal de saída: ■ Produtos da linha Barcelona que farão parte do escopo da certificação FSC e/ou madeira controlada: · Guarda-roupa Móveis "A" Barcelona 42 · Guarda-roupa Móveis "A" Barcelona 31 · Guarda-roupa Móveis "A" Barcelona 32 · Cômoda Móveis "A" Barcelona 40 · Criado-mudo Móveis "A" Barcelona 11 ■ Produtos da linha Paris que farão parte do escopo da certificação FSC e/ou madeira controlada: · Armário Móveis "A" Paris 67 · Cozinha Móveis "A" Paris 69 · Balcão Móveis "A" Paris 63		
Responsável pelo setor: *Maria* Assinatura:	Responsável pela Certificação na Empresa: *Alexandre* Assinatura:	

Quadro 5.13: Procedimento P009. Controle de geração de crédito de material certificado e de material controlado

MÓVEIS "A"	PROCEDIMENTO OPERACIONAL	NÚMERO: P009 REVISÃO: / /
Título: Controle de geração de crédito de material certificado e de material controlado	Aprovação: 11/01/2010 Implantação: 12/01/2010	
Aplicação: escritório		
Responsável: Fernando		
Utilização: mensalmente ou quando houver venda de produtos certificados		
MATERIAL NECESSÁRIO		
Computador		
Impressora		
Relatórios de entradas e saídas		
ATIVIDADES		
1. Emissão do relatório intitulado "Movimentação de Certificação". Esse relatório apresenta uma análise sintética da geração e baixa de créditos (material certificado e material controlado), como se fosse um fluxo de caixa, apresentando um saldo final. Assim, será feito um controle por meio de um saldo de créditos de material certificado e um de material controlado.		

(continua)

Quadro 5.13: Procedimento P009. Controle de geração de crédito de material certificado e de material controlado *(continuação)*

MÓVEIS "A"	PROCEDIMENTO OPERACIONAL	NÚMERO: P009 REVISÃO: / /

2. Emissão do relatório intitulado "Relatório de Crédito Gerado pela OP – Fator Analítico". Esse relatório permite a análise pormenorizada da geração de créditos realizada por determinada ordem de produção. Com esse relatório, é possível checar os valores de geração de créditos (material certificado) do relatório "Movimentação de Certificação" e também a quantidade gasta de matéria-prima de acordo com o fornecedor. Esse relatório detalha cada produto em suas partes componentes para cálculo do volume a ser gasto em sua produção. Ele também pode ser gerado em sua forma sintética e é chamado de "Relatório de Crédito Gerado pela OP – Fator Sintético".

O relatório apresenta, também, o chamado fator que corresponde ao percentual do fornecedor em relação à certificação. Por exemplo: um fornecedor A que apresente fator 0,7 tem na sua nota fiscal a informação FSC 70%. Dessa maneira, se entrar 100 m^2 desse fornecedor na linha de produção certificada, o sistema irá gerar como crédito para a empresa apenas 70 m^2.

3. Emissão dos relatórios intitulados "Relatório de Baixa de Certificação – por Data NF", "Relatório de Baixa de Certificação – por Data NF e Produtos" e "Relatório de Baixa de Certificação – por Data NF Analítico".

Esses relatórios permitem a análise pormenorizada da baixa de créditos (material certificado e material controlado) realizada em determinada data. Com esses relatórios é possível checar os valores dessa baixa – (por ocasião de uma venda com nota fiscal ao consumidor) do relatório "Movimentação de Certificação".

Esse relatório pode ser emitido em sua forma sintética, em que apresenta apenas os dados das notas fiscais e a baixa de créditos ("Relatório de Baixa de Certificação – por Data NF"). Pode ser emitido em sua forma analítica, em que detalha cada nota fiscal, mostrando os produtos certificados com seu respectivo volume a ser baixado ("Relatório de Baixa de Certificação – por Data NF e Produtos"). Por fim, o relatório pode ser mais ainda pormenorizado, mostrando as notas fiscais, os produtos e também os componentes para a composição dos produtos ("Relatório de Baixa de Certificação – por Data NF Analítico").

4. Emissão do relatório "Relatório de Saída de Chapas – por OP Analítico". Com esse relatório é possível verificar as baixas de chapas realizadas por uma determinada OP. Ao se comparar o "Relatório de Saída de Chapas – por OP Analítico" de uma determinada OP com o "Relatório de Crédito Gerado pela OP – Fator Analítico" (item 2 deste procedimento), é possível verificar que sempre há uma baixa maior de chapas utilizadas no processo de produção (determinada OP) do que as utilizadas nas linhas certificadas e não certificadas de determinada OP. A diferença corresponde à perda no processo produtivo.

Esse relatório também pode ser emitido em sua versão sintética, em que é chamado de "Relatório de Saída de Chapas – por OP Sintético".

5. Armazenar as informações constantes nos relatórios por um período mínimo de 5 anos.

Responsável pelo setor: *Fernando*	Responsável pela Certificação na Empresa: *Alexandre*
Assinatura:	Assinatura:

Quadro 5.14: Procedimento P010. Autorização para produção e emissão de nota fiscal de saída com produtos certificados FSC e/ou produtos com madeira controlada

MÓVEIS "A"	PROCEDIMENTO OPERACIONAL	NÚMERO: P010
		REVISÃO: / /
Título: Autorização para produção e emissão de nota fiscal de saída com produtos certificados FSC e/ou produtos com madeira controlada		Aprovação: 11/01/2010 Implantação: 12/01/2010
Aplicação: empresa		
Responsável: Luciano/Alexandre		
Utilização: Quando houver decisão da diretoria da empresa		
MATERIAL NECESSÁRIO		
Computador		
Impressora		
Relatório		
ATIVIDADES		
1. Autorização, por parte da diretoria da Móveis "A", de que haja produção e venda de produtos certificados FSC para determinado cliente. Essa autorização será repassada ao empregado responsável pela cadeia de custódia na empresa que procederá à divulgação da informação para os setores competentes. Caso o produto já esteja confeccionado e embalado, apenas será efetuada a etiquetagem da embalagem (item 3) e a emissão da nota fiscal informando que o produto é certificado (item 4). Se não houver o produto pronto, será efetuada uma ordem de produção para ele e, além dos itens 3 e 4, também será feita a etiquetagem no móvel (item 2). **Em ambas as situações, somente haverá decisão de venda de produto certificado (linhas Barcelona e Paris) caso haja créditos suficientes, conforme P009. Obs.: No caso de produtos com madeira controlada também haverá uma autorização por parte da diretoria da Móveis "A" e que será repassada ao empregado responsável pela cadeia de custódia na empresa. No entanto, haverá somente a etapa referente à emissão da nota fiscal de saída com a informação que o produto é FSC *Controlled Wood*, não havendo, portanto, etiquetagem e embalagem.**		
2. O empregado responsável avisará o setor de etiquetagem que os produtos de determinada OP devem ser etiquetados com o selo FSC. Desse modo, o setor de etiquetagem procederá conforme o P006.		
3. O empregado responsável avisará o setor de embalagem que os produtos de determinada OP devem ter sua embalagem etiquetada com o selo FSC. Dessa maneira, o setor de embalagem procederá conforme o P007.		
4. O empregado responsável avisará o setor de faturamento que os produtos de determinada OP devem ser identificados como certificados FSC (ou como FSC *Controlled Wood*, se for o caso) na nota fiscal de saída. O empregado responsável também informará o faturista o nome do cliente que deve sair na nota fiscal de saída. Assim, o setor de faturamento procederá conforme o P008.		
5. Armazenar as informações por um período mínimo de 5 anos.		
Responsável pelo setor: *Luciano* Assinatura:		Responsável pela Certificação na Empresa: *Alexandre* Assinatura:

Quadro 5.15: Procedimento P011. Plano de treinamento

MÓVEIS "A"	PROCEDIMENTO OPERACIONAL	NÚMERO: P011 REVISÃO: / /
Título: Plano de treinamento		Aprovação: 11/01/2010 Implantação: 12/01/2010
Aplicação: Empresa como um todo		
Responsável: Alexandre		
Utilização: A cada seis meses e a cada nova admissão de empregados na empresa		
MATERIAL NECESSÁRIO		
Materiais relacionados a certificação florestal		
Procedimentos da cadeia de custódia		
Arquivo específico para os registros de treinamento da cadeia de custódia com informações completas (data, local, empregado, setor, objetivo)		
ATIVIDADES		
1. São realizadas duas formas de treinamento: Geral, para todos os empregados da empresa; Específico, para os empregados-chave, preestabelecidos pelo responsável da cadeia de custódia.		
2. O treinamento da cadeia de custódia para os empregados novatos da empresa é dado pelo responsável pelo assunto.		
3. A periodicidade dos treinamentos é de seis meses e a cada nova admissão de empregados na empresa.		
4. Arquivar todos os registros de treinamentos e certificados por, no mínimo, 5 anos.		
Responsável pelo setor: *Alexandre* Assinatura:		Responsável pela Certificação na Empresa: *Alexandre* Assinatura:

Quadro 5.16: Procedimento P012. Geração de um sumário de compras, produção e vendas

MÓVEIS "A"	PROCEDIMENTO OPERACIONAL	NÚMERO: P012 REVISÃO: / /
Título: Geração de um sumário de compras, produção e vendas.		Aprovação: 11/01/2010 Implantação: 12/01/2010
Aplicação: escritório		
Responsável: Fernando		
Utilização: mensalmente ou quando houver necessidade		
MATERIAL NECESSÁRIO		
Computador		
Impressora		

(continua)

Quadro 5.16: Procedimento P012. Geração de um sumário de compras, produção e vendas *(continuação)*

MÓVEIS "A"	PROCEDIMENTO OPERACIONAL	NÚMERO: P012 REVISÃO: / /
ATIVIDADES		
1. Emissão de relatórios que gerem um sumário de compras, produção e vendas, informando o período desejado.		
2. Armazenar as informações constantes nos relatórios por um período mínimo de 5 anos.		
Responsável pelo setor: *Fernando*	Responsável pela Certificação na Empresa: *Alexandre*	
Assinatura:	Assinatura:	

Quadro 5.17: Procedimento P013. Utilização da logomarca FSC

MÓVEIS "A"	PROCEDIMENTO OPERACIONAL	NÚMERO: P013 REVISÃO: / /
Título: Utilização da logomarca FSC	Aprovação: 11/01/2010 Implantação: 12/01/2010	
Aplicação: marketing		
Responsável: José		
Utilização: Na divulgação dos produtos certificados		
MATERIAL NECESSÁRIO		
Computador		
Impressora		
ATIVIDADES		
1. A arte envolvendo o selo FSC segue os padrões do manual "FSC-STD-40-201: *FSC On-product labelling requirements*", utilizando o código de certificação específico da empresa no espaço destinado.		
2. A empresa utiliza *login* e senha disponíveis pela certificadora para ter acesso às especificações técnicas do uso do selo, como formato, tamanho, inserção do código de certificação da empresa etc.		
3. Toda utilização do selo passa por uma análise prévia da certificadora, antes de sua divulgação perante o público externo.		
Responsável pelo setor: *José*	Responsável pela Certificação na Empresa: *Alexandre*	
Assinatura:	Assinatura:	

Ao final do procedimento, assinam-no tanto o responsável pelo setor quanto o responsável pela certificação de cadeia de custódia na empresa. O último dos procedimentos apresentados (Quadro 5.17) trata da utilização da logomarca FSC e segue as orientações do Manual "FSC On-Product Labeling Requirements – FSC-STD-40-201" (FSC Standard, 2007c).

CONTROLE DO SALDO DE MATERIAL CERTIFICADO E DE MATERIAL DE ORIGEM CONTROLADA (GERAÇÃO E ABATIMENTO DO CRÉDITO) NA PRÁTICA

A empresa Móveis "A" realizou o controle de geração de créditos por meio de relatórios que trazem como informação primordial o controle da OP e que estão relacionados com o Procedimento Operacional P009 (Quadro 5.13).

Foram desenvolvidos os seguintes relatórios de controle interno:

a) Relatório de Movimentação de Certificação.
b) Relatório de Crédito Gerado pela OP (Analítico).
c) Relatório de Crédito Gerado pela OP (Sintético).
d) Relatório de Baixa de Certificação (por data e nota fiscal).
e) Relatório de Baixa de Certificação (por data, nota fiscal e produtos).
f) Relatório de Baixa de Certificação (Analítico).

O primeiro relatório funciona como um "fluxo de caixa" mostrando as entradas e as saídas de material certificado na empresa. Os relatórios de "crédito gerado pela OP" constituem os relatórios de controle das entradas de material certificado, e os três últimos relatórios representam o controle das saídas do material certificado. Para fins de exemplificação serão apresentados a seguir, especificamente, os relatórios de uma determinada ordem de produção (OP 523).

Relatório de Movimentação de Certificação

Esse relatório apresenta as entradas de material certificado nas linhas certificadas, de acordo com a OP, e apresenta as saídas de material certificado, conforme as notas fiscais de venda efetuadas pela empresa. O relatório funciona, dessa forma, como fluxo de caixa e é um importante instrumento para controle da quantidade de créditos. Ao verificar que existe saldo disponível, o empresário pode tomar a decisão de vender determinada quantidade de produtos como certificados. Um relatório similar ao de Movimentação de Certificação foi elaborado na empresa Móveis "A" para controle do saldo de matéria-prima de origem controlada.

O relatório Movimentação de Certificação é o ponto de partida para o controle interno da geração de créditos e pode ser desenvolvido como no exemplo da Figura 5.5.

Ao se obter um relatório como esse, o empresário pode saber que, em 1º de fevereiro de 2010 (data da emissão do relatório), por exemplo, a empresa possuía 2.500 m^2 de material certificado como crédito e pode tomar sua decisão de venda de produto certificado com base nessa informação.

O relatório apresenta, também, a data de geração do crédito e do débito, a série que identifica se a movimentação é do tipo de entrada (ECRT) ou de saída (SCRT), o número da OP, o saldo inicial e a movimentação do período desejado. O relatório Movimentação de Certificação é "alimentado" com as informações advindas dos relatórios subsequentes, cuja construção será apresentada a seguir.

Movimentação de Certificação

Móveis A Ltda.
Avenida Brasil, s/n - Centro
CNPJ 11 111 111/0001 11

Página: 1
Emissão: 01/02/2010 11:04
Período: 01/01/2010 a 31/01/2010

DATA	SÉRIE	NUM. DOC.	OP	SALDO ANTERIOR	QTD ENTRADA	QTD SAÍDA	SALDO TOTAL
				0,00			
14/01/2012	ECRT	000001	523		2.000,00		2.000,00
15/01/2012	ECRT	000002	524		1.000,00		1.000,00
31/01/2012	SCRT	000001				500,00	2.500,00
						SALDO ATUAL:	2.500,00

Figura 5.5: Relatório de Movimentação de Certificação da empresa Móveis "A".

Relatório de Crédito Gerado pela OP (Analítico)

Esse relatório permite a análise pormenorizada da geração de créditos realizada por determinada OP. Um exemplo de um relatório desse tipo é apresentado na Figura 5.6.

O Relatório de Crédito Gerado pela OP (Analítico) apresenta o chamado fator, que corresponde ao percentual da matéria-prima certificada de cada

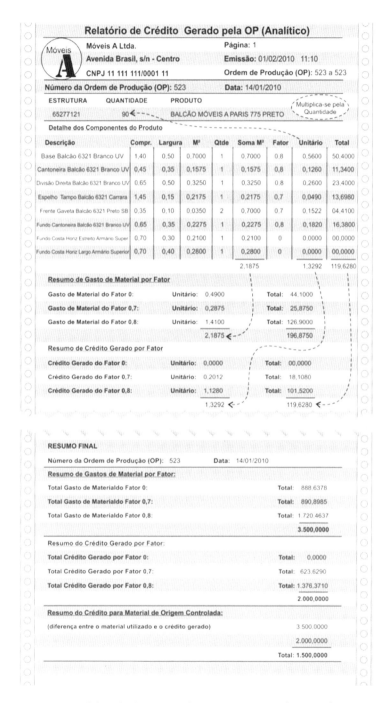

Figura 5.6: Parte inicial do Relatório de Crédito Gerado pela OP (Analítico) da Móveis "A".

fornecedor (Quadro 5.1) e conforme explicação apresentada para o cálculo do sistema de créditos (ver tópico "Definição do sistema de controle de volume a ser adotado pela empresa", do Capítulo 4).

Com esse relatório, torna-se possível verificar os valores de geração de créditos (material certificado) do relatório "Movimentação de Certificação" (Figura 5.5) e, também, a quantidade de matéria-prima certificada utilizada nas linhas certificadas da empresa, de acordo com o fornecedor. Detalha cada produto em suas partes componentes para cálculo do volume de material a ser usado em sua produção. No exemplo apresentado na Figura 5.6, o produto Balcão Móveis "A" Paris 775 Preto é feito de diversos componentes, entre eles a Base Balcão 6321 Branco UV, sendo necessária uma unidade desse componente, cujo comprimento é de 1,40 m e 0,5 m de largura, totalizando 0,7 m^2. O valor obtido é multiplicado pela quantidade do componente e, da multiplicação obtida, é multiplicado o fator do material certificado, resultando na coluna "Unitário". Para encontrar o valor correspondente ao crédito de material certificado para esse componente é necessário multiplicar pela quantidade desse produto o que, no caso, corresponde a 90 unidades. A soma dos diversos componentes irá compor os resumos de cada produto como visto na figura.

A coluna "Total" da linha "Resumo de Gasto de Material por Fator" (e que não está indicada por seta) é obtida pela multiplicação da soma em m^2 de cada componente pela quantidade do produto, no caso, 90 unidades.

Na Figura 5.6 é apresentado, no final, o resumo do crédito gerado por fator da OP de número 523, e pode-se verificar que o valor (2.000 m^2) corresponde ao apresentado no relatório Movimentação de Certificação (Figura 5.5).

A diferença entre o volume total de material utilizado nas linhas certificadas (material certificado e material de origem controlada) menos o crédito gerado, conforme o fator do fornecedor, representa o saldo que a empresa possui de material de origem controlada, de acordo com o cálculo apresentado para o sistema de créditos (ver "Definição do sistema de controle de volume a ser adotado pela empresa", no Capítulo 4).

Dessa maneira, conforme apresentado na Figura 5.6, o crédito de material de origem controlada (1.500 m^2) é obtido pela diferença do total de material utilizado nas linhas certificadas (3.500 m²) menos o total do crédito gerado (2.000 m²).

Relatório de Crédito Gerado pela OP (Sintético)

O mesmo Relatório de Crédito Gerado pela OP pode ser elaborado em sua forma sintética, excluindo-se as informações referentes ao detalhe de cada componente do produto constante na linha certificada produzida (Figura 5.7).

Relatório de Crédito Gerado pela OP (Sintético)

Móveis A

Móveis A Ltda. — **Página:** 1
Avenida Brasil, s/n - Centro — **Emissão:** 01/02/2010 11:25
CNPJ 11 111 111/0001 11 — **Período:** 01/01/2010 a 31/01/2010

Número da Ordem de Produção (OP): 523 — **Data:** 14/01/2010 — **Crédito Certificado em M²**

ESTRUTURA	QUANTIDADE	PRODUTO	UNITÁRIO	TOTAL
65277121	90	BALCÃO MÓVEIS A PARIS 775 PRETO	1,3292	119,6280
65277122	20	COZINHA MÓVEIS A PARIS 787 TECA	1,1150	22,3000
62221720	50	BALCÃO MÓVEIS A PARIS 888 BRANCO	1,5726	78,6300
67181881	50	BALCÃO MÓVEIS A PARIS 554 VERDE	1,8995	94,9750
62111166	20	COZINHA MÓVEIS A PARIS 212 TABACO	1,9100	38,2000
65555111	20	COZINHA MÓVEIS A PARIS 263 BRANCO	5,6800	113,6000
69999111	30	COZINHA MÓVEIS A PARIS 264 VERDE	: 6,9500	208,5000
74444113	100	GUARDA ROUPA MÓVEIS A BARCELONA 7525 TABACO	9,0000	900,0000
74444114	54	GUARDA ROUPA MÓVEIS A BARCELONA 7111 BRANCO	7,8549	424,1670
			Total de crédito Gerado:	2.000,0000

Número da Ordem de Produção (OP): 524 — **Data:** 15/01/2010 — **Crédito Certificado em M²**

ESTRUTURA	QUANTIDADE	PRODUTO	UNITÁRIO	TOTAL
74444113	30	GUARDA ROUPA MÓVEIS A BARCELONA 7525 TABACO	5,9080	177,2400
74444114	20	GUARDA ROUPA MÓVEIS A BARCELONA 7111 BRANCO	10,0700	201,4700
74444110	30	GUARDA ROUPA MÓVEIS A BARCELONA 7650 ANDRÔMEDA PRETO	10,2900	308,7600
74444200	30	GUARDA ROUPA MÓVEIS A BARCELONA 7754 PRETO	10,4200	312,5300
			Total de crédito Gerado:	1.000,0000

RESUMO FINAL

Período: 01/01/2010 a 31/01/2010

Total de Crédito Gerado no Período: 3.000,00

Figura 5.7: Relatório de Crédito Gerado pela OP (Sintético) da empresa Móveis "A".

Uma das vantagens de se emitir o Relatório de Crédito Gerado pela OP (Sintético) é que ele apresenta a mesma informação que o similar analítico, porém de forma mais resumida e em menos páginas. Esse relatório apresenta apenas a relação dos produtos que fizeram parte de ordens de produção que continham linhas certificadas, no caso da empresa Móveis "A", as linhas Barcelona e Paris.

Relatório de Baixa de Certificação (por data e nota fiscal)

Além dos relatórios de geração de crédito (Relatórios de Crédito Gerado pela OP – Analítico e Sintético), a empresa deve contabilizar as saídas de material certificado e elaborar, para isso, um controle interno, que também pode ser via relatório, efetuando, assim, o débito.

Para a empresa Móveis "A" foi elaborado um relatório intitulado Relatório de Baixa de Certificação (por data e nota fiscal), que apresenta a relação de notas fiscais em determinado período e que contiveram produtos que foram vendidos como certificados (Figura 5.8). Um relatório similar a este foi elaborado para o controle de produtos de origem controlada.

Relatório de baixa de certificação (por data e nota fiscal)

Móveis A

Móveis A Ltda.
Avenida Brasil, s/n - Centro
CNPJ 11 111 111/0001-11

Página: 1
Emissão: 01/02/2010 11:50
Período: 01/01/2010 a 31/01/2010

Emissão da NF	Número da NF	Saída Certificação em M² (baixa no saldo de crédito)
31/01/2010	090266	438,00
31/01/2010	090268	62,00
	Total do Período:	500,00

Figura 5.8: Relatório de Baixa de Certificação (por data e nota fiscal) da Móveis "A".

Por meio do relatório da Figura 5.8, pode-se verificar que o valor total do período (500 m^2) corresponde ao valor de saídas encontrado no Relatório Movimentação de Certificação (Figura 5.5).

Os dois relatórios apresentados a seguir detalham o relatório da Figura 5.8, mostrando de onde surgiram tais valores.

Relatório de Baixa de Certificação (por data, nota fiscal e produtos)

O Relatório de Baixa de Certificação (por data, nota fiscal e produtos) apresenta as notas fiscais de determinado período e os produtos certificados contidos nessas notas. Dessa maneira, é possível que o empresário visualize, de forma simples, a relação dos produtos certificados que saíram em determinado período de tempo, conforme demonstrado na Figura 5.9.

Relatório de Baixa de Certificação (por data, nota fiscal e produtos)

Móveis A

Móveis A Ltda. — **Página:** 1
Avenida Brasil, s/n - Centro — **Emissão:** 01/02/2010 12:10
CNPJ 11 111 111/0001-11 — **Período:** 01/01/2010 a 31/01/2010

Emissão da NF	Número da NF
31/01/2010	090266

Descrição dos Produtos:	Quantidade	Débito Unitário	Débito Total
Armário Móveis A Paris 754 BRANCO	2	14,77	29,54
Armário Móveis A Paris 756 PRETO	2	9,93	19,86
Armário Móveis A Paris 764 BRANCO	2	9,93	19,86
Armário Móveis A Paris 865 TABACO	2	9,93	19,86
Guarda Roupas Móveis A BARCELONA 2143 TABACO BRANCO	2	18,65	37,30
Guarda Roupas Móveis A BARCELONA 2241 BRANCO E PRETO	2	18,65	37,30
Guarda Roupas Móveis A BARCELONA 2333 AMENDOA PRETO	2	18,65	37,30
Guarda Roupas Móveis A BARCELONA 2555 TABACO	2	18,65	37,30
Guarda Roupas Móveis A BARCELONA 2987 TABACO BRANCO	2	24,96	49,92
Guarda Roupas Móveis A BARCELONA 2866 BRANCO E PRETO	2	24,96	49,92
Guarda Roupas Móveis A BARCELONA 2311 AMÊNDOA PRETO	2	24,96	49,92
Guarda Roupas Móveis A BARCELONA 2999 TABACO	2	24,96	49,92
			438,00

31/01/2010	090268

Descrição dos Produtos:	Quantidade	Débito Unitário	Débito Total
Guarda Roupas Móveis A BARCELONA 2987 TABACO BRANCO	4	15,50	62,00
			62,00
		Total do Pedido:	**500,00**

Figura 5.9: Relatório de Baixa de Certificação (por data, nota fiscal e produtos) da Móveis "A".

Pode-se verificar, na Figura 5.9, que os produtos certificados são listados em cada uma das notas fiscais que constavam no relatório anterior apresentado na Figura 5.8.

Relatório de Baixa de Certificação (Analítico)

Com o Relatório de Baixa de Certificação (Analítico) é possível verificar também quais foram os componentes dos produtos que geraram os valores que serviram para efetuar o débito na conta de certificação da empresa. Para isso, o cálculo é feito de forma semelhante ao efetuado no Relatório de Crédito Gerado pela OP (Analítico) (Figura 5.6), no entanto, não considera o fator utilizado na entrada, pois agora o que importa é apenas a metragem final do produto certificado.

O Relatório de Baixa de Certificação (Analítico) é apresentado na Figura 5.10.

Figura 5.10: Relatório de Baixa de Certificação (Analítico) da empresa Móveis "A".

Os valores encontrados no Relatório de Baixa de Certificação (Analítico) vão ao encontro dos valores obtidos no relatório apresentado na Figura 5.9, para o primeiro produto da lista.

CONTROLE DOS FATORES DE CONVERSÃO NA PRÁTICA

A empresa que visa obter uma certificação de cadeia de custódia deve ser capaz de efetuar um controle dos fatores de conversão, que vai determinar a perda do processo, como cortes, furos, defeito de material etc. Para a realização dessa tarefa na empresa Móveis "A", foram criados três tipos de relatórios:

a) Relatório de Saída de Chapas por OP (Analítico).
b) Relatório de Necessidade de Matéria-Prima Total por OP.
c) Apuração das Perdas do Processo Produtivo.

Os relatórios citados acima serão apresentados a seguir, bem como os comentários sobre a elaboração deles e sua relação com o controle das perdas.

Relatório de Saída de Chapas por OP (Analítico)

Esse relatório lista a relação de fornecedores e a metragem de chapas utilizadas em determinada ordem de produção (OP). Um exemplo de relatório desse tipo é apresentado na Figura 5.11.

Relatório de Fornecedores e Metragem de Chapas (Analítico)

Móveis A Ltda. — Página: 1
Avenida Brasil, s/n - Centro — Emissão: 01/02/2010 13:05
CNPJ 11 111 111/0001-11 — Ordem de Produção (OP): 523 a 523

Data Início da Produção: 14/01/2010 — Ordem de Produção (OP): 523

QTDE	DESCRIÇÃO	%CERTIF.	COMPRIM.	LARGURA	M²	M²TOTAL
Fornecedor: Y2						
226	Y2TREE Y2DUR BRANCO 1.850 x 2.440 x 2,5 mm - Y2	0,00	1,85	2,44	4,51	1.020,16
		Total de Saída Material com Fator 0:				1020,16
Fornecedor: Y1						
57	FF MARMORE Y1 PISA 1,86 x 2,750 x 15 mm - Y1	0,70	1,86	2,75	5,11	291,55
7	FF PRETO PISA Y1 1.860 x 2.750 x 15 mm - Y1	0,70	1,86	2,75	5,11	35,80
14	FF SAVANA SEMI FOSCO 1,86 x 2750 x 15 mm - Y1	0,70	1,86	2,75	5,11	71,61
17	FF VERDE SB IBIZA 18600 x 2.750 x 15 mm - Y1	0,70	1,86	2,75	5,11	86,95
		Total de Saída Material com Fator 0,7:				485,91
Fornecedor: X1						
320	X2PAN 1a. 2,100 x 2,750 x 15 mm - X2	0,80	2,10	2,75	5,77	1.848,00
66	X2PAN 1a. 2.200 x 2.750 x 15 mm - X2	0,80	2,20	2,75	6.05	399,30
		Total de Saída Material com Fator 0,8:				2.247,30
		Saída de Chapas Certificadas M²:				2.733,21
		Saída de Chapas Não Certificadas M²:				1.020,16
		Total de Saidas M²:				3.753,37

Figura 5.11: Relatório de Saída de Chapas por OP (Analítico) na empresa Móveis "A".

As chapas de matéria-prima com fator igual a zero são somadas no campo "saída de chapas não certificadas" e as demais, no campo "saída de chapas certificadas". No exemplo da Figura 5.11, foram utilizados 3.753,37 m² de matéria-prima na ordem de produção (OP) de número 523, independentemente se ela era certificada, não certificada ou de origem controlada.

Relatório de Necessidade de Matéria-Prima Total por OP

Esse relatório lista a relação dos produtos e seus componentes, independentemente se a linha é certificada ou não e conforme determinada OP. Um exemplo de relatório desse tipo é apresentado na Figura 5.12.

Ao final do relatório, tem-se o total gasto de material em m² que representa o volume utilizado nas linhas de produção de uma determinada OP, independentemente do fato de ela ser certificada ou não.

Figura 5.12: Relatório de Necessidade de Matéria-Prima Total por OP na empresa Móveis "A".

Apuração das perdas do processo produtivo

As perdas do processo são calculadas via relatório, por meio da subtração do Relatório de Saída de Chapas por OP (Analítico) (Figura 5.11) do Relatório de Necessidade de Matéria-Prima Total por OP (Figura 5.12).

No exemplo das Figuras 5.11 e 5.12, que retratam a empresa Móveis "A", pode-se verificar o valor das perdas do processo produtivo:

Total de saída de chapas em m^2: 3.753,37

Total geral gasto de material em m^2: $\dfrac{3.732,11}{21,26}$

Dessa forma, o valor das perdas apurado para a OP de número 523 da empresa Móveis "A" foi de 21,26 m^2, que corresponde a 0,57% [(21,26/3.753,37) x 100] de perda no processo. Essa porcentagem se aproxima da perda geral média estimada pela empresa, segundo seus proprietários.

AUDITORIA DE CERTIFICAÇÃO DE CADEIA DE CUSTÓDIA, CUMPRIMENTO DAS NÃO CONFORMIDADES E APROVAÇÃO E REGISTRO DA CERTIFICAÇÃO

Após a elaboração do manual de cadeia de custódia e do estabelecimento dos controles internos, visando à implantação e funcionamento da certificação, a empresa Móveis "A" solicitou a auditoria de certificação de cadeia de custódia.

Foram avaliados *in loco* todos os itens do manual de cadeia de custódia já descritos, como licenças e documentos da empresa, tipo de matéria-prima comprada e sua procedência, sistema de cadeia de custódia a ser adotado e sua operacionalidade, grupo de produto definido no escopo da certificação, responsabilidades e políticas desenvolvidas pela empresa com relação à certificação de cadeia de custódia e com relação à aquisição de madeira de origem controlada, treinamentos ministrados sobre certificação florestal e programação de futuros treinamentos, procedimentos operacionais utilizados para a implantação e funcionamento da certificação de cadeia de custódia.

Ao final da avaliação da auditoria de certificação, a empresa Móveis "A" obteve cinco não conformidades, sendo quatro do tipo "menores" e uma do tipo "maior", e foi estipulado um período para suas correções. As do tipo "menores" são aquelas que não condicionam a certificação e que deverão ser cumpridas até a próxima auditoria de monitoramento. As do tipo "maior" são aquelas que obrigatoriamente devem ser cumpridas, condicionando, assim, a obtenção da certificação.

Para atender às não conformidades apresentadas, a empresa Móveis "A" desenvolveu um plano de ação justificando as medidas que seriam adotadas. O plano de ação foi enviado ao orgão certificador que, após alguns ajustes que ainda se fizeram necessários, encerrou-se as não conformidades. Por fim, a documentação do processo de auditoria de certificação da empresa foi repassada, pelo organismo certificador, para revisores independentes para elaborarem um parecer final, que, nesse caso, foi favorável à empresa.

UTILIZAÇÃO DA CERTIFICAÇÃO FSC NO MARKETING AMBIENTAL DA EMPRESA

A obtenção de certificação florestal, seja FSC ou Cerflor, favorece as ações de marketing ambiental em uma empresa. Os requisitos exigidos pelo sistema de certificação, a auditoria e os monitoramentos frequentes permitem que se possa inferir que a certificação florestal auxilia as empresas na busca da melhoria contínua de suas atividades, resultando em ganhos para a própria empresa, para a sociedade e para o meio ambiente.

Com relação ao marketing ambiental, Polonsky (1994) destacou que na literatura há cinco possíveis razões para que as empresas o adotem:

- As organizações percebem que há oportunidade que pode ser utilizada para realizar seus objetivos.
- As organizações acreditam que têm obrigação moral de serem mais responsáveis social e ambientalmente.
- As organizações governamentais estão forçando as empresas a serem mais social e ambientalmente responsáveis.
- As atividades relacionadas às questões ambientais da concorrência têm pressionado as empresas a modificar suas atividades para poder competir em condições semelhantes.

Fatores de custo, associados à disposição de resíduo ou mesmo à reduções do material utilizado pelas empresas, forçam mudanças em seu comportamento.

Com relação ao marketing ambiental, Alves e Jacovine (2014) destacam que sempre que o produto verde conseguir unir os aspectos ambientais e econômicos em sua produção, comercialização e descarte, a empresa terá vantagens competitivas no mercado.

A empresa necessita, então, utilizar mecanismos que permitam a divulgação da certificação perante as diversas partes interessadas (*stakeholders*) e estabelecer estratégias de marketing ambiental, que é parte inerente desse processo.

Para a empresa Móveis "A", três fatores alcançados com a conquista da certificação florestal FSC foram particularmente importantes no incremento de seu marketing ambiental:

- Importância em âmbito nacional: tornou-se a primeira empresa moveleira certificada do Brasil a produzir e vender dormitórios e armários de cozinha feitos a partir de MDP.
- Importância em âmbito estadual: tornou-se a segunda empresa moveleira do estado certificada pelo FSC e a primeira a trabalhar com móveis feitos de chapas reconstituídas como o MDP e o MDF .
- Importância em âmbito regional: tornou-se a primeira empresa moveleira certificada no polo moveleiro no qual está inserida.

Esses três fatores apontados contribuíram para o posicionamento de mercado de seus produtos certificados. Semanas após a obtenção da certificação, a empresa participou de uma feira de móveis em sua região, e fez a divulgação de seus produtos certificados para clientes, lojistas e representantes.

Além da sinalização feita no estande, informando que a empresa possuía produtos certificados pelo FSC, a empresa distribuiu, para seus visitantes, um material explicando a origem e a importância da certificação florestal para a sociedade e para eles próprios, consumidores. O material continha, também, razões para se dar preferência a produtos certificados, reforçando a conscientização ambiental.

Com o material, o consumidor recebeu um lápis certificado, com o logotipo da empresa e seu website, que continha uma mensagem informando seu pioneirismo na certificação florestal de cozinhas e dormitórios em MDP.

Dessa forma, a empresa conseguiu divulgar a certificação para um grande número de pessoas nos dias de realização da feira de móveis.

Foram iniciadas estratégias de divulgação da certificação FSC com lojistas, revendedores e consumidores finais e a empresa realizou propagandas em revistas e jornais da área moveleira. Além disso, a empresa foi tema de reportagem veiculada nacionalmente por uma emissora de televisão.

ASPECTOS IMPORTANTES A SEREM OBSERVADOS PELAS EMPRESAS QUE DESEJAM OBTER A CERTIFICAÇÃO FLORESTAL

As empresas que desejarem obter a certificação florestal devem ficar atentas para os seguintes aspectos:

- O controle do saldo de material certificado e de origem controlada e o cálculo dos fatores de conversão no processo produtivo constituem itens importantes para a obtenção da certificação de cadeia de custódia na indústria, seja moveleira ou não.

- A aquisição de matéria-prima certificada e de origem controlada (se for o caso), o estabelecimento de controles internos e o cumprimento à legislação básica para o funcionamento da empresa correspondem aos possíveis entraves na implementação da certificação de cadeia de custódia na indústria.

- Os pontos críticos da cadeia de custódia devem ser identificados em função da rastreabilidade física da matéria-prima, desde sua chegada à empresa até a confecção do produto final e a expedição; e, também, da rastreabilidade da informação no sistema informatizado da empresa, como no processo de geração de saldos de estoques de matérias-primas e de produtos acabados.

- A existência de identificação de lote de produção, a utilização de códigos de barra e um sistema informatizado para controlar a matéria-prima e os produtos acabados, permitindo a emissão de diversos tipos de relatórios, são fatores que contribuem para realizar controles internos necessários para a implementação da certificação.

- Para matérias-primas certificadas cujo percentual de certificação é próximo aos 70%, o sistema mais viável de cadeia de custódia é o sistema de créditos, caso a empresa deseje rotular seus produtos.

- Para empresas com bom nível de organização interna, os itens de controle necessários à implementação da certificação de cadeia de custódia geralmente não resultam em alterações profundas na rotina da empresa.

- A certificação contribui para um novo posicionamento de marketing da empresa diante de seu mercado ao destacar sua imagem institucional associada com as questões ambientais.

- Em mercados consumidores pouco sensíveis à certificação florestal, as empresas certificadas pioneiras passam a ter o papel de "educadoras" dos consumidores, difundindo o conceito da certificação e, também, sua importância para a sociedade e para o meio ambiente.

- Mesmo que a certificação não permita à empresa obter um sobrepreço do seu produto, é espera do que, a preços similares, o consumidor dê preferência ao produto certificado em detrimento do convencional.

- O guia desenvolvido e o estudo de caso apresentado podem ser aplicados a outros tipos de empresas, moveleiras ou não. No entanto, ressalta-se que deve haver adaptações voltadas para a sua realidade.

- Os exemplos, sugestões e recomendações apresentadas neste capítulo podem auxiliar as empresas candidatas a visualizar melhor o funcionamento das exigências para a obtenção da certificação de cadeia de custódia. Contudo, a empresa interessada deverá sempre consultar possíveis atualizações e alterações ocorridas nos manuais e normas do sistema de certificação.

EXERCÍCIOS

1) Por que é necessário que a matéria-prima comprada dos fornecedores pela empresa seja certificada?

2) É possível certificar um produto por um sistema de certificação, mas utilizando matéria-prima certificada de outro sistema de certificação?

3) Por que no exemplo citado no texto (indústria moveleira) o sistema de conversão de volumes mais adequado foi o sistema de créditos? Quais as dificuldades que haveria ao adotar os outros tipos?

4) O que representam os "empregados-chave" no exemplo citado (Móveis "A") e qual seu papel na constituição do comitê de cadeia de custódia?

5) Qual sua opinião sobre a Política de Cadeia de Custódia apresentada pela Móveis "A"? Quais outros aspectos poderiam ser acrescentados nessa política, considerando principalmente o ramo de atividade da empresa (indústria moveleira)?

6) O que representam os "pontos críticos" e qual sua relação com a rastreabilidade?

7) Por que a elaboração de um fluxograma e o *layout* do local de certificação contribuem para o entendimento de todo o processo?

8) Por que empresas que já possuem certo grau de organização (como, por exemplo, trabalhar com lotes de produção) facilitam o processo de implementação da certificação de cadeia de custódia?

9) Por que a elaboração dos procedimentos operacionais (PO) auxiliam na organização do processo de certificação de cadeia de custódia?

10) O que são não conformidades?

11) Como a certificação florestal pode contribuir para alavancar o marketing ambiental das empresas de base florestal?

Parte 3

IMPACTO DOS INVESTIMENTOS DA CERTIFICAÇÃO FLORESTAL NOS INDICADORES ECONÔMICOS

6 | Custos da certificação florestal na indústria

INTRODUÇÃO

Para se obter um acompanhamento mais completo do investimento realizado, a empresa candidata à certificação florestal deve fazer um levantamento dos custos de implementação (preparação, auditoria e manutenção), bem como avaliar o impacto desse investimento no preço e nas quantidades vendidas dos produtos certificados.

Neste capítulo será abordada uma aplicação prática de levantamentos de custos de implementação da certificação florestal no ramo industrial. No capítulo seguinte serão abordados os diversos cenários econômicos envolvendo preço e quantidade de produtos certificados.

O levantamento dos custos apresentado neste capítulo foi feito com base em um trabalho realizado junto a uma empresa moveleira situada em um dos principais polos moveleiros do Brasil. Trata-se da mesma empresa apresentada no capítulo anterior, a qual optou por certificar apenas duas de suas nove linhas de produtos: a linha de armários de cozinha Paris e a linha de dormitórios Barcelona. Para manter o anonimato da empresa, adotou-se o nome fictício de Móveis "A", no entanto, todos os dados apresentados são reais.

Para acompanhamento dos custos gerados pela implementação da certificação florestal em uma empresa do ramo industrial recomenda-se apurar:

- Custo da hora de trabalho dos empregados.
- Custo de preparação para a certificação.
- Custo de contratação da auditoria de certificação.
- Custo de manutenção da certificação.

Para facilitar o entendimento da apuração dos custos listados anteriormente, nos próximos tópicos serão apresentados exemplos de determinação dos custos em uma empresa do ramo industrial, neste caso, em uma empresa moveleira certificada. Ressalta-se, mais uma vez, que embora a indústria moveleira seja utilizada como exemplo de apuração de custos da certificação florestal neste capítulo, os conceitos e sugestões apresentados podem ser extrapolados para outras indústrias de base florestal.

Para evitar os efeitos da desvalorização da moeda ao longo do tempo e não prejudicar análises e comparações, os dados estão expressos em dólares americanos (US$). É importante ressaltar que, na época de implementação da certificação na empresa, o dólar americano estava cotado a R$ 1,73.

CUSTO DA HORA DE TRABALHO DOS EMPREGADOS

Os primeiros levantamentos de custos na empresa Móveis "A" foram os relacionados ao custo da hora de trabalho dos empregados-chave que formavam o comitê de cadeia de custódia. Esses custos foram calculados dividindo-se o salário total por 176 horas, que representa a jornada mensal de trabalho de um empregado (44 horas semanais em quatro semanas). Esse custo inclui o salário do empregado mais os encargos sociais que são pagos pela empresa.

Esse levantamento tornou-se necessário para estimar os custos das atividades de preparação e manutenção da certificação de cadeia de custódia, visto que o comitê participa mais efetivamente de todo o processo da certificação.

Na Tabela 6.1, apresenta-se a relação dos empregados-chave que formavam o comitê de cadeia de custódia da empresa e o custo da hora de trabalho (em dólares) de cada um.

Tabela 6.1: Comitê de certificação de cadeia de custódia da Móveis "A" e o custo da hora de trabalho de cada empregado-chave

EMPREGADO-CHAVE (NOME FICTÍCIO)	PROCEDIMENTO(S) RELACIONADO(S) À SUA ATIVIDADE	CUSTO DA HORA DE TRABALHO (EM DÓLARES)
Alexandre	P010 e P011	5,35
Fabrícia	P001 e P005	6,14
Fernando	P009 e P012	5,35
José	P013	6,14
Lilian	P006	4,31
Marcileia	P004	5,84
Maria	P008	4,83
Neide	P006	4,31
Luciano	P010	25,13
Vilson	P002 e P003	5,03
Virgínia	P007	4,91
Walter	P002 e P003	5,31

Dessa forma, associando-se outros custos do processo de certificação aos custos da hora de trabalho de cada empregado-chave, é possível fazer previsões dos custos de preparação e de manutenção. Os procedimentos operacionais mencionados na Tabela 6.1 já foram explicados no capítulo anterior (ver tópico "Estabelecimento dos procedimentos operacionais (PO)", no Capítulo 5).

CUSTO DE PREPARAÇÃO PARA A CERTIFICAÇÃO

Pode-se definir que os custos de preparação da empresa são compostos por:

- Custo da diária da prestação de serviço de consultoria para certificação de cadeia de custódia, em que já estão embutidas as despesas de transporte, alimentação e hospedagem dos consultores. Para cálculo da diária de consultoria, foi utilizada como referência a Tabela de Diárias da Sociedade de Investigações Florestais (SIF), que presta serviços para empresas de base florestal.

- Custo da hora de trabalho dos empregados-chave no atendimento às solicitações dos consultores.

- Custo da hora de trabalho de todos os empregados da empresa Móveis "A" ao participarem do treinamento realizado fora do expediente normal e pagos como horas extras.

A forma de cálculo de cada um desses custos será apresentada a seguir.

Custo da diária da prestação de serviço de consultoria

Na Tabela 6.2, apresentam-se os custos das diárias dos consultores contratados pela empresa que incluem desde o tempo gasto com a visita à empresa para conhecimento de sua estrutura organizacional, preparação para levantamento de dados, até a elaboração e ajustes de material (*check-list*, relatórios, procedimentos, material para treinamento etc.), levantamento de informações na empresa e treinamento realizado com os empregados da empresa. Nesses custos já estão incluídas as despesas de transporte, alimentação e hospedagem dos consultores.

Tabela 6.2: Custos das diárias da consultoria contratada pela empresa Móveis "A"

ATIVIDADE	NÚMERO DE DIÁRIAS	CUSTO UNITÁRIO (EM DÓLARES)	CUSTO TOTAL (EM DÓLARES)
• Visitas à empresa	4,0	144,51	578,04
• Preparação para levantamento de dados	4,0	144,51	578,04
• Elaboração e ajustes de material (*check-list*, relatórios, manuais, procedimentos etc.)	24,0	144,51	3.468,24
• Levantamento de informações na empresa (trabalho de campo)	44,5	144,51	6.430,70
• Treinamento dos empregados	2,5	144,51	361,27
Custo total	**79,0**		**11.416,29**

Obs.: Tabela de Diárias da Sociedade de Investigações Florestais – SIF (2010) convertida para dólar.

Custo da hora de trabalho dos empregados-chave no atendimento às solicitações dos consultores

O custo da hora de trabalho dos empregados-chave que prestaram atendimento às solicitações dos consultores está apresentado na Tabela 6.3. Esse tempo gasto pelos empregados-chave está relacionado às reuniões realizadas na empresa e, também, ao acompanhamento que o empregado responsável pela cadeia de custódia da empresa prestava aos consultores, auxiliando-os quanto ao funcionamento do processo produtivo na empresa e demais processos.

Tabela 6.3: Custos da hora de trabalho dos empregados-chave que prestaram atendimento às solicitações dos consultores contratados pela Móveis "A"

EMPREGADO-CHAVE (NOME FICTÍCIO) E PROCEDIMENTO RELACIONADO	TOTAL DE HORAS DEDICADAS AO ATENDIMENTO DA CONSULTORIA	CUSTO DA HORA DE TRABALHO (EM DÓLARES)	CUSTO TOTAL DO EMPREGADO-CHAVE (EM DÓLARES)
Alexandre (P010 e P011)	176,0	5,35	941,60
Luciano (P010)	16,0	25,13	402,08
Outros	50,0	Diversos	260,12
Custo total			**1.603,80**

Custo do treinamento realizado fora do expediente normal da empresa e pago como horas extras

Os 136 empregados da Móveis "A" e os três diretores da empresa participaram do treinamento sobre certificação de cadeia de custódia que teve duração de quatro horas. Esse treinamento foi realizado fora do expediente normal de trabalho da empresa e pago como horas extras, representando um custo total estimado de US$ 1.295,75. Esse custo inclui, também, as despesas de aluguel de equipamento, uso de infraestrutura e alimentação.

CUSTO TOTAL DE PREPARAÇÃO PARA A CERTIFICAÇÃO

Os custos de preparação da empresa Móveis "A" representam os custos listados anteriormente e apresentados, sinteticamente, na Tabela 6.4.

Tabela 6.4: Custos de preparação da certificação de cadeia de custódia pela Móveis "A"

TIPO DE CUSTO	CUSTO (EM DÓLARES)
• Custos das diárias da consultoria contratada	11.416,29
• Custos da hora de trabalho dos empregados-chave que prestaram atendimento às solicitações da consultoria contratada	1.603,80
• Custos do treinamento realizado com todos os empregados e a diretoria	1.295,75
Total do custo de preparação da empresa	**14.315,84**

O custo total de preparação da empresa Móveis "A", US$ 14.315,84 (aproximadamente R$ 25 mil considerando a cotação na época da implementação da certificação na empresa) representa valor próximo ao citado por Alves (2005), em seu trabalho com as empresas moveleiras certificadas no Brasil. Nesse estudo, 78% das empresas pesquisadas afirmaram que tiveram seus custos de preparação em até R$ 20 mil, enquanto 11% apresentaram custos entre R$ 20 mil e 50 mil. Dessa forma, pode-se inferir que os custos de preparação da empresa Móveis "A" estariam próximos à realidade apresentada pelas demais empresas moveleiras certificadas no Brasil.

Apesar dos valores citados, é importante ressaltar que os custos de preparação dependem do estágio de organização interna da empresa.

CUSTO DE CONTRATAÇÃO DA AUDITORIA DE CERTIFICAÇÃO

Os custos de auditoria de certificação correspondem aos custos da avaliação principal, que é feita na empresa que deseja obter a certificação de cadeia de custódia. Esses custos compreendem também as taxas que são cobradas (taxas de aplicação).

De acordo com o tipo de empreendimento, tamanho e faturamento, a certificadora (orgão certificador) estabelece o valor dos custos da auditoria. Para a empresa Móveis "A", os custos de auditoria de certificação foram os apresentados na Tabela 6.5.

Tabela 6.5: Custos de auditoria (avaliação principal) na Móveis "A"

TIPO DE CUSTO	VALOR EM DÓLAR
Auditoria de certificação	2.528,90
Taxas de aplicação	1.778,00
Custo total da auditoria de certificação	**4.306,90**

Os custos totais de auditoria de certificação da empresa Móveis "A", de US$ 4.306,90 (aproximadamente R$ 7,5 mil na cotação da época), também representam valor próximo ao citado por Alves (2005) em seu trabalho com as empresas moveleiras certificadas no Brasil. Nessa pesquisa, 45% das empresas analisadas afirmaram que tiveram seus custos de contratação de auditoria em até R$ 5 mil, enquanto 33% das empresas apresentaram custos entre R$ 5 e 10 mil. Dessa forma, pode-se também inferir que os custos de contratação de auditoria da empresa Móveis "A" estão próximos à realidade apresentada pelas demais empresas moveleiras certificadas no Brasil.

CUSTO DE MANUTENÇÃO DA CERTIFICAÇÃO

Pode-se definir que os custos de manutenção da certificação são compostos por:

- Custos dos monitoramentos (visita de acompanhamento) realizados anualmente pela certificadora. Esses custos são apresentados na tabela cobrada pela certificadora.
- Custos anuais relacionados a gastos com propagandas, confecção de brindes e participação em feiras de móveis.
- Custos anuais para "rodar a certificação" (colocá-la em funcionamento), ou seja, o custo das horas de trabalho dos empregados-chave que destinarão parte de seu tempo para cumprir os requisitos da cadeia de custódia, conforme o procedimento operacional que lhes diz respeito.

Cada empregado-chave estimou a quantidade de tempo necessária semanalmente para cumprir as tarefas referentes ao seu procedimento operacional. Pôde-se, então, chegar ao tempo anual gasto para cada procedimento operacional e ao seu custo total anual graças ao valor da hora de trabalho dos empregados-chave.

Nos tópicos a seguir são apresentados o cálculo desses custos.

Custo dos monitoramentos anuais

Na Tabela 6.6, apresentam-se os custos dos monitoramentos a serem realizados anualmente na empresa Móveis "A" pela certificadora.

Tabela 6.6: Custos de auditorias de monitoramento (acompanhamento anual) na empresa Móveis "A"

TIPO DE CUSTO	VALOR EM DÓLAR
Visita de acompanhamento	2.023,12
Taxas de aplicação	1.578,00
Custo total do monitoramento de certificação	**3.601,12**

Considerando apenas os custos dos monitoramentos anuais realizados pela certificadora, pode-se verificar que esses custos totais, no valor de US$ 3.601,12 (aproximadamente R$ 6,2 mil na cotação da época) também apresentam valores próximos ao citado por Alves (2005) em seu trabalho com as empresas moveleiras certificadas no Brasil. Nesse trabalho, 44% das empresas pesquisadas afirmaram que tiveram seus custos de monitoramento estimados em até R$ 5 mil, enquanto 44% das empresas apresentaram custos entre R$ 5 mil e 10 mil.

Custos anuais com as atividades de marketing

Os custos anuais da empresa com gastos relacionados a propagandas, confecção de brindes e participação em feiras de móveis são apresentados na Tabela 6.7. Além disso, a diretoria da empresa Móveis "A" fez estimativa do incremento de gastos para promoção dos produtos certificados em suas atividades de marketing. Embora, a rigor, esses gastos citados não representem custos para a manutenção da certificação de cadeia de custódia na empresa, pode-se entender que eles são importantes para que a empresa aproveite comercialmente as vantagens de ser certificada. Caso a empresa não visualizasse tais vantagens, haveria o risco de ela abandonar a certificação, pois não haveria razão comercial para continuar com ela.

Tabela 6.7: Estimativa de gastos anuais da Móveis "A" com atividades de marketing

ATIVIDADE DE MARKETING (PROMOÇÃO)	GASTO ANUAL ESTIMADO (EM DÓLARES)
Propagandas em revistas e catálogos, e confecção de brindes	17.341,04
Participação em feiras de móveis	28.901,73
Subtotal	**46.242,77**
Estimativa de incremento de gastos anuais de marketing específicos para promoção dos produtos certificados	5.780,35
Total	**52.023,12**

Custos anuais para "rodar a certificação"

Na Tabela 6.8, apresentam-se os custos anuais estimados para "rodar a certificação" (colocá-la em funcionamento) de cadeia de custódia na empresa Móveis "A".

Tabela 6.8: Custos anuais para "rodar a certificação" de cadeia de custódia na Móveis "A"

EMPREGADO-CHAVE (NOME FICTÍCIO)	PROCEDIMENTO RELACIONADO À SUA ATIVIDADE	ESTIMATIVA DE TEMPO ANUAL DE DEDICAÇÃO AOS REQUISITOS DO PROCEDIMENTO OPERACIONAL (EM HORAS)	CUSTO DA HORA DE TRABALHO (EM DÓLAR)	CUSTO TOTAL ANUAL (EM DÓLAR)
Alexandre	P010	24,00	5,35	128,40
Alexandre	P011	7,68	5,35	41,09
Fabrícia	P001	48,00	6,14	294,72
Fabrícia	P005	20,16	6,14	123,78
Fernando	P009	7,68	5,35	41,09
Fernando	P012	7,68	5,35	41,09
José	P013	192,00	6,14	1.178,88
Lilian	P006	134,64	4,31	580,30
Marcileia	P004	28,80	5,84	168,19
Maria	P008	255,84	4,83	1.235,71
Neide	P006	134,64	4,31	580,30
Luciano	P010	7,56	25,13	189,98
Vilson	P002	399,84	5,03	2.011,20
Vilson	P003	140,16	5,03	705,01
Virgínia	P007	269,28	4,91	1.322,16
Walter	P002	399,84	5,31	2.123,15
Walter	P003	140,16	5,31	744,25
Custos anuais para "rodar a certificação"				**11.509,30**

Como dito anteriormente, os custos para "rodar a certificação" são constituídos das horas de trabalho dos empregados que serão destinadas ao funcionamento da certificação após a auditoria principal.

Custo total de manutenção da certificação

Somando-se, dessa maneira, os custos da auditoria de monitoramento (US$ 3.601,12) aos gastos com as atividades de marketing (US$ 52.023,12) e custos anuais para "rodar a certificação" (US$ 11.509,30), haveria um custo total anual de manutenção de US$ 67.133,54 (pouco mais de R$ 116 mil, considerando a cotação da época), muito superior ao custo de manutenção das empresas moveleiras certificadas apontado no trabalho de Alves (2005).

Pode-se, contudo, entender que os custos das atividades de marketing para "rodar a certificação" seriam, muitas vezes, como "custos invisíveis" para o empresário, pois eles ocorreriam mesmo que não houvesse a certificação florestal. Seguindo esse raciocínio, o "custo visível" para o empresário seria apenas o custo da auditoria de monitoramento, fazendo, assim, com que o custo total de manutenção de US$ 67.133,54 diminuísse para US$ 3.601,12 (aproximadamente R$ 6.229,94), estando compatível com a faixa de custos para manutenção da certificação florestal obtidos por Alves (2005).

Salienta-se, no entanto, que a presença da certificação florestal na empresa reforça suas atividades de marketing, como propaganda e brindes, contribuindo para a melhoria de sua imagem institucional associada às questões ambientais. Assim, as atividades de marketing não podem deixar de ser tratadas como um custo de manutenção da certificação de cadeia de custódia.

Caso haja dúvida a respeito do fato de ser necessário ou não incluir as atividades de marketing nos custos de manutenção da certificação, torna-se interessante a utilização de cenários alternativos utilizando os indicadores econômicos, conforme apresentado no próximo capítulo.

EXERCÍCIOS

1) Por que é importante que a empresa faça o levantamento dos custos advindos do processo de certificação florestal?

2) Como a organização pode calcular os custos da hora de trabalho dos chamados empregados-chave e também dos demais empregados?

3) Como a empresa calcula o custo de preparação para a certificação de cadeia de custódia?

4) Como é calculado o custo de contratação da auditoria de certificação?

5) Por que é importante que a empresa calcule os custos de manutenção da certificação?

6) Como fazer o cálculo dos custos de manutenção da certificação?

7) Por que as atividades de marketing são importantes para a visibilidade da certificação florestal obtida pela organização?

8) Qual é a importância do trabalho do consultor no processo de implementação da certificação de cadeia de custódia?

7 | Simulação de cenários econômicos na indústria certificada

INTRODUÇÃO

Para que a empresa que busca a certificação florestal tenha uma visão mais completa do investimento realizado, pode-se utilizar a análise de cenários. Com essa análise, a empresa tem condições de avaliar o impacto que o investimento da certificação tem no preço e nas quantidades vendidas dos produtos certificados.

Em um primeiro momento, a empresa deve ser capaz de avaliar a receita que precisa obter para cobrir os custos da certificação. Posteriormente, será possível realizar a avaliação dos cenários.

Para ilustrar o uso desse instrumento serão utilizados os dados obtidos no trabalho desenvolvido na empresa Móveis "A", apresentado no capítulo anterior.

AVALIAÇÃO DAS RECEITAS PARA COBRIR OS CUSTOS DA CERTIFICAÇÃO

Os custos totais de preparação, auditoria e manutenção permitem a utilização de indicadores econômicos para avaliar diferentes cenários.

Para as análises econômicas são utilizados Métodos de Avaliação de Projetos que consideram a variação do valor do capital no tempo, definido por Rezende e Oliveira (2008), conforme os tópicos a seguir.

Valor presente líquido (VPL)

A viabilidade econômica de um projeto analisado pelo método VPL é indicada pela diferença positiva entre receitas e custos, atualizados de acordo com determinada taxa de desconto. Um projeto será economicamente viável se seu VPL for positivo de acordo com determinada taxa de juros.

$$VPL = \sum_{j=0}^{n} R_j (1+i)^{-j} - \sum_{j=0}^{n} C_j (1+i)^{-j}$$

Em que:

VPL = valor presente líquido.
C_j = custo no final do ano j ou do período de tempo considerado.
R_j = receita no final do ano j ou do período de tempo considerado.
i = taxa de desconto.
n = duração do projeto, em anos ou em número de períodos de tempo.

Custos anuais considerando-se o período de vigência da certificação de cadeia de custódia

Para a utilização dos indicadores econômicos, é importante, então, que todos os custos anuais sejam transformados em valores tendo como base o ano 0. Será utilizado o horizonte temporal de quatro anos, o que corresponde à avaliação principal da certificação florestal e quatro monitoramentos anuais. Cada custo anual obtido no ano 0 é identificado com a seguinte notação: C_0, C_1, C_2, C_3 e C_4, conforme mostrado na Figura 7.1.

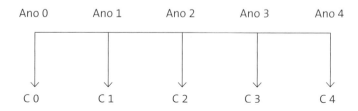

Figura 7.1: Custos anuais considerando-se o período de vigência da certificação de cadeia de custódia.

Determinação das receitas necessárias em cada ano para cobrir os custos

Ao transportar os custos anuais para o ano 0, é possível calcular as receitas que seriam necessárias para cobrir os custos. Nessa situação, o valor presente líquido (VPL) é zerado, de modo que as receitas sejam iguais aos custos, como demonstrado a seguir.

$$VPL = \sum_{J=0}^{n} R_j \left(1+i\right)^{-j} - \sum_{J=0}^{n} C_j \left(1+i\right)^{-j}$$

$$0 = \sum_{J=0}^{n} R_j \left(1+i\right)^{-j} - \sum_{J=0}^{n} C_j \left(1+i\right)^{-j}$$

$$\sum_{J=0}^{n} R_j \left(1+i\right)^{-j} - \sum_{J=0}^{n} C_j \left(1+i\right)^{-j}$$

A fórmula geral indicada a seguir permite calcular com facilidade as parcelas iguais de receitas para cobrir os custos, agora transportados para o ano 0.

$$C_{T0} = \frac{R \left[1 - \left(1+i\right)^{n}\right]}{i}$$

Efetuando multiplicação cruzada na fórmula geral, pode-se chegar à seguinte estrutura:

$$R = \frac{C_{T0} \times i}{\left[1 - \left(1+i\right)^{n}\right]}$$

As receitas anuais necessárias para cobrir a certificação de cadeia de custódia, considerando-se o período da vigência, são apresentadas esquematicamente na Figura 7.2.

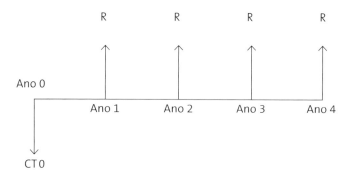

Figura 7.2: Receitas anuais necessárias para cobrir a certificação de cadeia de custódia, considerando-se o período de vigência da certificação.

DEFINIÇÃO DOS CENÁRIOS ECONÔMICOS

Os custos totais de preparação, auditoria e manutenção permitem a utilização de indicadores econômicos para avaliar diferentes cenários. Optou-se por considerar o horizonte de tempo (n) referente ao período de duração da certificação florestal obtida pela empresa. Esse período corresponde ao primeiro ano da avaliação principal (chamado aqui de "ano 0") mais os quatro anos dos monitoramentos subsequentes (anos 1 a 4). Além disso, optou-se por simular três cenários diferentes ao se utilizarem os indicadores econômicos para a empresa Móveis "A". Segundo os proprietários, a empresa utiliza margens de lucro que variam de 5 a 10%. Conhecer essas margens será importante para a formulação de simulações de receitas de vendas, já agregando-se o custo da certificação florestal.

CENÁRIO I – CUSTO BÁSICO DA CERTIFICAÇÃO (INCLUI OS CUSTOS DE PREPARAÇÃO E DE MANUTENÇÃO CONSIDERADOS MAIS "VISÍVEIS" PARA O EMPRESÁRIO)

Nesse cenário, são considerados os custos totais apenas da auditoria (US$ 4.306,90) apresentados na Tabela 6.5 do capítulo anterior, os custos de manutenção, em que foram considerados apenas os custos de monitoramento (US$ 3.601,12) apresentados no Tabela 6.6, além dos custos relacionados a incremento de gastos com marketing para promoção do produto certificado (US$ 5.780,35), conforme estimativa da empresa, e já apresentados na Tabela 6.7.

Por fim, para os custos de preparação foram considerados apenas os custos associados diretamente à atividade de consultoria prestada à empresa (US$11.416,29). Os gastos com o treinamento realizado (US$ 1.295,75) e os custos da hora de trabalho dos empregados-chave que prestaram atendimento às solicitações dos consultores (US$ 1.603,80) são considerados, para esse cenário, como horas que seriam pagas normalmente pela empresa, independentemente de haver ou não a certificação florestal. Os valores mencionados foram apresentados na Tabela 6.4 do capítulo anterior. Dessa maneira, os custos anuais do cenário I seriam conforme apresentados na Tabela 7.1.

Tabela 7.1: Resumo dos custos da certificação de cadeia de custódia na empresa Móveis "A", considerando-se o cenário I

ANO 0	CUSTOS (EM DÓLAR)
* Custos de preparação (apenas gastos com consultoria)	11.416,29
* Custos de auditoria	4.306,90
Total ano 0	**15.723,19**
ANOS 1 A 4	CUSTOS (EM DÓLAR)
* Custos anuais de auditoria de monitoramento	3.601,12
* Incremento anual estimado com a certificação	5.780,35
Total anos 1 a 4	**9.381,47**

Para a utilização dos indicadores econômicos, torna-se importante, então, que todos os custos anuais sejam transformados em valores, tendo como base o ano 0.

A taxa de desconto (i) utilizada é de 10% ao ano, comumente utilizada em projetos desse tipo. A fórmula geral que permite o cálculo é mostrada a seguir.

A soma geral dos custos transportados para o ano foi a seguinte:

$$C_{T0} = C_0 + C_1 + C_2 + C_3 + C_4 =$$
$$C_{T0} = 15.723,19 \, (1,1)^0 + 9.381,47 \, (1,1)^{-1} + 9.381,47(1,1)^{-2} + 9.381,47(1,1)^{-3}$$
$$+ \, 9.381,47(1,1)^{-4} =$$
$$C_{T0} = 15.723,19 + 8.528,61 + 7.753,28 + 7.048,44 + 6.407,67 =$$
$$\boxed{C_{T0} = US\$45.461,19}$$

⇨ Cálculo das receitas necessárias em cada ano para cobrir os custos da certificação.

Utilizando-se os valores já obtidos e a fórmula geral, tem-se o resultado a seguir.

$$R = \frac{45.461,19 \times 0,10}{[1-(1+0,10)^{-4}]} = \frac{4.546,12}{[1-0,683013]} = \frac{4.546,12}{0,316987}$$

$$\boxed{R = US\$ \ 14.341,66}$$

CENÁRIO II – CUSTO INTERMEDIÁRIO DA CERTIFICAÇÃO (INCLUI OS CUSTOS DE PREPARAÇÃO E DE MANUTENÇÃO CONSIDERADOS MAIS "VISÍVEIS" PARA O EMPRESÁRIO ACRESCIDO DE 50% DO GASTO EM MARKETING PARA PROMOÇÃO DOS PRODUTOS CERTIFICADOS)

Nesse cenário, são considerados apenas os custos totais de preparação referentes às despesas com consultoria (US\$11.416,29) e auditoria (US\$ 4.306,90), citados nas Tabelas 6.4 e 6.5, respectivamente. Contudo, nos custos de manutenção são considerados os custos de auditoria de monitoramento (US\$ 3.601,12) e de incremento de gastos que haverá com a certificação florestal (US\$ 5.780,35), apresentados nas Tabelas 6.6 e 6.7, respectivamente. Além disso, nesse cenário é considerado um custo mínimo de 50% do marketing para alavancar a divulgação da certificação florestal (US\$ 23.121,39), que correspondem às propagandas em revistas, catálogos e confecção de brindes e participação em feiras de móveis, apresentados na Tabela 6.7.

Nesse cenário, os custos das horas de trabalho dos empregados (US\$ 1.603,80 e US\$ 1.295,75), apresentados na Tabela 6.4, e os custos para "rodar a certificação" (US\$ 11.509,30), na Tabela 6.8, são considerados "custos invisíveis" para o empresário, ou seja, custos que ocorreriam, independentemente da existência da certificação florestal. Assim, não importa o impacto que a certificação causaria na imagem da empresa, o que refletiria, por conseguinte, no marketing e nos eventos que participa. Dessa forma, os custos anuais no cenário II seriam conforme apresentados na Tabela 7.2.

Tabela 7.2: Resumo dos custos da certificação de cadeia de custódia na empresa Móveis "A", considerando-se o cenário II

ANO 0	CUSTOS (EM DÓLAR)
* Custos de preparação (apenas gastos com consultoria)	11.416,29
* Custos de auditoria	4.306,90
Total ano 0	**15.723,19**
ANOS 1 A 4	CUSTOS (EM DÓLAR)
* Custos anuais de auditoria de monitoramento	3.601,12
* Custos anuais das atividades de marketing (50% do valor total)	23.121,39
* Incremento anual estimado com a certificação	5.780,35
Total anos 1 a 4	**32.502,86**

A soma geral dos custos transportados para o ano 0 foi a seguinte:

$$C_{T0} = C_0 + C_1 + C_2 + C_3 + C_4 =$$
$$C_{T0} = 15.723,19 \, (1,1)^0 + 32.502,86 \, (1,1)^{-1} + 32.502,86 \, (1,1)^{-2} + 32.502,86 \, (1,1)^{-3} + 32.502,86 \, (1,1)^{-4} =$$
$$C_{T0} = 15.723,19 + 29.548,05 + 26.861,87 + 24.419,88 + 22.199,89 =$$
$$\boxed{C_{T0} = US\$ \, 118.752,88}$$

⇨ Cálculo das receitas necessárias em cada ano para cobrir os custos da certificação.

Utilizando-se os valores já obtidos e a fórmula geral, tem-se o resultado a seguir:

$$R = \frac{118.752,88 \times 0,10}{[1-(1+0,10)^{-4}]} = \frac{1.875,28}{[1-0,683013]} = \frac{11.875,28}{0,316987}$$
$$\boxed{R = US\$ \, 37.462,99}$$

CENÁRIO III – CUSTO DA CERTIFICAÇÃO CONSIDERANDO-SE TODOS OS CUSTOS APURADOS

Nesse cenário, são considerados os custos totais de preparação (US\$ 14.315,84) e de auditoria (US\$ 4.306,90) citados nas Tabelas 6.4 e 6.5, respectivamente.

Os custos de manutenção também foram considerados integralmente, englobando, então, os custos de auditoria de monitoramento

(US$ 3.601,12), os gastos com as atividades de marketing e com o incremento da certificação (US$ 52.023,12) e os custos para "rodar a certificação" (US$ 11.509,30). Esses custos são apresentados nas Tabelas 6.6, 6.7 e 6.8 respectivamente.

Os custos anuais no Cenário III seriam conforme apresentados na Tabela 7.3.

Tabela 7.3: Resumo dos custos da certificação de cadeia de custódia na Móveis "A", considerando-se o cenário III

ANO 0	CUSTOS (EM DÓLAR)
• Custos totais de preparação	14.315,84
• Custos de auditoria	4.306,90
Total ano 0	**18.622,74**
ANOS 1 A 4	CUSTOS (EM DÓLAR)
• Custos anuais de auditoria de monitoramento	3.601,12
• Gastos anuais com propagandas e brindes	46.242,77
• Incremento anual estimado com a certificação	5.780,35
• Custos anuais para "rodar a certificação"	11.509,30
Total anos 1 a 4	**67.133,54**

A soma geral dos custos transportados para o ano 0 foi a seguinte:

$$C_{T0} = C_0 + C_1 + C_2 + C_3 + C_4 =$$
$$C_{T0} = 18.622,74 \, (1,1)^0 + 67.133,54 \, (1,1)^{-1} + 67.133,54 \, (1,1)^{-2} + 67.133,54 \, (1,1)^{-3} + 67.133,54 \, (1,1)^{-4} =$$
$$C_{T0} = 18.622,74 + 61.030,49 + 55.482,26 + 50.438,42 + 45.853,11$$
$$\boxed{C_{T0} = US\$ \ 231.427,02}$$

⇨ Cálculo das receitas necessárias em cada ano para cobrir os custos da certificação.

Utilizando-se os valores já obtidos e a fórmula geral, chega-se ao resultado:

$$R = \frac{231.427,02 \times 0,10}{[1-(1+0,10)^{-4}]} = \frac{23.142,70}{[1-0,683013]} = \frac{23.142,70}{0,316987}$$

$$\boxed{R = US\$ \ 73.008,35}$$

CONSIDERAÇÕES SOBRE A ANÁLISE DOS CENÁRIOS ESTUDADOS

A análise dos cenários vai depender de como o empresário considera os custos inerentes à certificação de cadeia de custódia (os chamados "custos visíveis" para ele). Se ele preferir não considerar todos os custos de preparação e manutenção da certificação, deve analisar o cenário I. Caso considere também as atividades de marketing no nível de 50% dos gastos para os produtos certificados, deve escolher a análise do cenário II. Por fim, se ele considerar todos os custos diretos e indiretos da certificação, então ele deve utilizar a análise do cenário III.

Outras variações e possibilidades de cenários podem ser desenvolvidas pelas empresas que buscam a certificação, de modo a contribuir com maiores informações e auxiliar na tomada de decisão.

Na Tabela 7.4, apresenta-se a síntese dos resultados dos três cenários estudados.

Tabela 7.4.: Resumo dos resultados dos três cenários estudados na Móveis "A"

CENÁRIO	RECEITA ANUAL NECESSÁRIA PARA COBRIR OS CUSTOS DA CERTIFICAÇÃO (EM DÓLARES)
I	14.341,66
II	37.462,99
III	73.008,35

É importante destacar que os valores apresentados na Tabela 7.4 referem-se apenas àqueles necessários para cobrir os custos da certificação de cadeia de custódia. Os valores não cobrem outros custos inerentes à produção da empresa, como matéria-prima utilizada no processo produtivo, salários e encargos sociais dos empregados não diretamente ligados ao processo de certificação, e gastos diversos, como energia elétrica, água e outros, que, via de regra, já estão embutidos no custo médio dos produtos.

A proposta de análise dos cenários aqui discutidos é incorporar os custos da certificação ao custo médio dos produtos cujas linhas são certificadas e analisar seu impacto econômico no preço de venda e na quantidade.

SIMULAÇÃO DOS TRÊS CENÁRIOS NAS LINHAS CERTIFICADAS DA EMPRESA

A simulação do custo médio de cada produto das linhas certificadas foi feita utilizando-se os valores obtidos nos três cenários estudados. O custo médio e as quantidades foram fornecidos pela empresa e os valores são reais.

As simulações dos custos médios foram feitos de duas maneiras:

- Aumentando-se o preço de venda para continuar vendendo a mesma quantidade de produtos.
- Incrementando-se a quantidade vendida, mas mantendo o mesmo preço de venda.

Os dois tipos de simulações são apresentados nos tópicos subsequentes.

Variações nos preços de venda, sem alterar a quantidade

Nessa simulação, busca-se verificar o quanto o preço dos produtos teria de ser aumentado mantendo-se a mesma quantidade para cobrir os custos da certificação.

Na Tabela 7.5, apresenta-se o total do custo anual por produto certificado. De acordo com o custo total anual de cada produto, também é possível verificar qual a porcentagem que ele ocupa na composição dos custos totais anuais.

Tabela 7.5: Relação das linhas certificadas da empresa Móveis "A" e sua quantidade anual e custo médio

LINHA CERTIFICADA	DESCRIÇÃO DO PRODUTO CERTIFICADO	QUANTIDADE ANUAL	CUSTO MÉDIO UNITÁRIO (EM DÓLAR)	TOTAL DO CUSTO ANUAL (EM DÓLAR)	% DO CUSTO TOTAL ANUAL
	Armário Paris 67	840	184,39	154.887,60	3,35
Paris	Cozinha Paris 69	5.268	179,19	943.972,92	20,41
	Balcão Paris 63	5.880	95,95	564.186,00	12,20
Barcelona	Guarda-roupa Barcelona 42	1.968	360,11	708.696,48	15,32

(continua)

Tabela 7.5: Relação das linhas certificadas da empresa Móveis "A" e sua quantidade anual e custo médio *(continuação)*

LINHA CERTIFICADA	DESCRIÇÃO DO PRODUTO CERTIFICADO	QUANTIDADE ANUAL	CUSTO MÉDIO UNITÁRIO (EM DÓLAR)	TOTAL DO CUSTO ANUAL (EM DÓLAR)	% DO CUSTO TOTAL ANUAL
	Guarda-roupa Barcelona 31	6.564	290,75	1.908.483,00	41,26
	Guarda-roupa Barcelona 32	1.260	242,77	305.890,20	6,61
Barcelona	Cômoda Barcelona 40	360	74,57	26.845,20	0,58
	Criado-mudo Barcelona 11	444	28,80	12.787,20	0,27
Custo total anual das linhas certificadas				**4.625.748,60**	**100,00**

O percentual de custo que cada produto certificado representa em relação ao total é importante para a composição da Tabela 7.6. Nessa tabela, a receita necessária para cobrir os custos da certificação de cadeia de custódia é rateada, conforme o percentual dos custos totais de fabricação dos produtos certificados. Os valores que aparecem no final da tabela, em "valor total de receitas dos cenários", são aqueles já apresentados na Tabela 7.4.

Tabela 7.6: Distribuição das receitas dos três cenários para cobrir os custos da certificação, conforme a porcentagem do custo total anual das linhas certificadas da empresa Móveis "A"

LINHA CERTIFICADA	DESCRIÇÃO DO PRODUTO CERTIFICADO	PORCENTAGEM DO CUSTO TOTAL ANUAL	RECEITA ANUAL CENÁRIO I (EM DÓLAR)	RECEITA ANUAL CENÁRIO II (EM DÓLAR)	RECEITA ANUAL CENÁRIO III (EM DÓLAR)
	Armário Paris 67	3,35	480,45	1.255,01	2.445,78
Paris	Cozinha Paris 69	20,41	2.927,13	7.646,19	14.901,00
	Balcão Paris 63	12,20	1.749,68	4.570,48	8.907,02
	Guarda-roupa Barcelona 42	15,32	2.197,14	5.739,34	11.184,88
Barcelona	Guarda-roupa Barcelona 31	41,26	5.917,37	15.457,23	30.123,25
	Guarda-roupa Barcelona 32	6,61	947,98	2.476,30	4.825,85

(continua)

Tabela 7.6: Distribuição das receitas dos três cenários para cobrir os custos da certificação, conforme a porcentagem do custo total anual das linhas certificadas da empresa Móveis "A" *(continuação)*

LINHA CERTIFICADA	DESCRIÇÃO DO PRODUTO CERTIFICADO	PORCENTAGEM DO CUSTO TOTAL ANUAL	RECEITA ANUAL CENÁRIO I (EM DÓLAR)	RECEITA ANUAL CENÁRIO II (EM DÓLAR)	RECEITA ANUAL CENÁRIO III (EM DÓLAR)
Barcelona	Cômoda Barcelona 40	0,58	83,18	217,29	423,45
	Criado-mudo Barcelona 11	0,27	38,73	101,15	197,12
Valor total de receitas dos cenários		**100,00**	**14.341,66**	**37.462,99**	**73.008,35**

A soma do custo total de fabricação de cada produto certificado com a receita necessária para cobrir a certificação permite a obtenção de um novo custo total anual que, dividido pela quantidade anual, fornece um novo custo médio. Nas Tabelas 7.7 a 7.9 são apresentados os resultados desses cálculos.

Com as Tabelas 7.7 a 7.9 é possível fazer um resumo de todos os novos custos médios dos produtos certificados de acordo com o cenário escolhido e, além disso, compará-los com o custo médio original. A Tabela 7.10 apresenta essa comparação.

De posse dos novos custos médios, é possível simular os preços de vendas necessários para cobrir os custos da certificação de cadeia de custódia e também para gerar lucro para a empresa. Como a empresa Móveis "A" trabalha com margens de lucro na faixa de 5 a 10% (conforme informado no tópico anterior, "Definição dos cenários econômicos"), simulações foram realizadas envolvendo essas porcentagens e estão apresentadas nas Tabelas 7.11 (para margem de 5%) e 7.12 (para margem de 10%).

Verifica-se que o aumento médio do percentual dos cenários I, II e III em relação ao custo médio original foi, respectivamente, de 0,31%, 0,80% e 1,57%. Considerando-se uma margem de 5% de lucro no preço de venda, o percentual médio de aumento, em relação ao custo médio original, foi, respectivamente, de 5,32%, 5,85% e 6,66%. Considerando-se também uma margem de 10% de lucro no preço de venda, o percentual médio de aumento, em relação ao custo médio original, foi, respectivamente, de 10,34%, 10,89% e 11,73%.

Tabela 7.7: Novo custo médio dos produtos da empresa Móveis "A", incluindo os custos da certificação, de acordo com o cenário I

LINHA CERTIFICADA	DESCRIÇÃO DO PRODUTO CERTIFICADO	TOTAL DO CUSTO ANUAL (EM DÓLAR)	RECEITA ANUAL CENÁRIO I (EM DÓLAR)	NOVO TOTAL DO CUSTO ANUAL (EM DÓLAR)	QUANTIDADE ANUAL	NOVO CUSTO MÉDIO (EM DÓLAR)
Paris	Armário Paris 67	154.887,60	480,45	155.368,05	840	184,96
	Cozinha Paris 69	943.972,92	2.927,13	946.900,05	5.268	179,74
	Balcão Paris 63	564.186,00	1.749,68	565.935,68	5.880	96,25
Barcelona	Guarda-roupa Barcelona 42	708.696,48	2.197,14	710.893,62	1.968	361,23
	Guarda-roupa Barcelona 31	1.908.483,00	5.917,37	1.914.400,37	6.564	291,65
	Guarda-roupa Barcelona 32	305.890,20	947,98	306.838,18	1.260	243,52
	Cômoda Barcelona 40	26.845,20	83,18	26.928,38	360	74,80
	Criado-mudo Barcelona 11	12.787,20	38,73	12.825,93	444	28,89
Total		**4.625.748,60**	**14.341,66**	**4.640.090,26**	**22.584**	

Tabela 7.8: Novo custo médio dos produtos da empresa Móveis "A", incluindo os custos da certificação, de acordo com o cenário II

LINHA CERTIFICADA	DESCRIÇÃO DO PRODUTO CERTIFICADO	TOTAL DO CUSTO ANUAL (EM DÓLAR)	RECEITA ANUAL CENÁRIO II (EM DÓLAR)	NOVO TOTAL DO CUSTO ANUAL (EM DÓLAR)	QUANTIDADE ANUAL	NOVO CUSTO MÉDIO (EM DÓLAR)
Paris	Armário Paris 67	154.887,60	1.255,01	156.142,61	840	185,88
	Cozinha Paris 69	943.972,92	7.646,19	951.619,11	5.268	180,64
	Balcão Paris 63	564.186,00	4.570,48	568.756,48	5.880	96,73
Barcelona	Guarda-roupa Barcelona 42	708.696,48	5.739,34	714.435,82	1.968	363,03
	Guarda-roupa Barcelona 31	1.908.483,00	15.457,23	1.923.940,23	6.564	293,10
	Guarda-roupa Barcelona 32	305.890,20	2.476,30	308.366,50	1.260	244,73
	Cômoda Barcelona 40	26.845,20	217,29	27.062,49	360	75,17
	Criado-mudo Barcelona 11	12.787,20	101,15	12.888,35	444	29,03
Total		**4.625.748,60**	**37.462,99**	**4.663.211,59**	**22.584**	

Tabela 7.9: Novo custo médio dos produtos da empresa Móveis "A", incluindo os custos da certificação, de acordo com o cenário III

LINHA CERTIFICADA	DESCRIÇÃO DO PRODUTO CERTIFICADO	TOTAL DO CUSTO ANUAL (EM DÓLAR)	RECEITA ANUAL CENÁRIO III (EM DÓLAR)	NOVO TOTAL DO CUSTO ANUAL (EM DÓLAR)	QUANTIDADE ANUAL	NOVO CUSTO MÉDIO (EM DÓLAR)
Paris	Armário Paris 67	154.887,60	2.445,78	157.333,38	840	187,30
	Cozinha Paris 69	943.972,92	14.901,00	958.873,92	5.268	182,02
	Balcão Paris 63	564.186,00	8.907,02	573.093,02	5.880	97,46
Barcelona	Guarda-roupa Barcelona 42	708.696,48	11.184,88	719.881,36	1.968	365,79
	Guarda-roupa Barcelona 31	1.908.483,00	30.123,25	1.938.606,25	6.564	295,34
	Guarda-roupa Barcelona 32	305.890,20	4.825,85	310.716,05	1.260	246,60
	Cômoda Barcelona 40	26.845,20	423,45	27.268,65	360	75,75
	Criado-mudo Barcelona 11	12.787,20	197,12	12.984,32	444	29,24
Total		**4.625.748,60**	**73.008,35**	**4.698.756,95**	**22.584**	

Tabela 7.10: Resumo dos custos médios antes e depois da inclusão dos custos da certificação de cadeia de custódia nos cenários I a III

LINHA CERTIFICADA	DESCRIÇÃO DO PRODUTO CERTIFICADO	CUSTO MÉDIO			
		SEM A CERTIFICAÇÃO	COM A CERTIFICAÇÃO		
			CENÁRIO I	CENÁRIO II	CENÁRIO III
Paris	Armário Paris 67	184,39	184,96	185,88	187,30
	Cozinha Paris 69	179,19	179,74	180,64	182,02
	Balcão Paris 63	95,95	96,25	96,73	97,46
Barcelona	Guarda-roupa Barcelona 42	360,11	361,23	363,03	365,79
	Guarda-roupa Barcelona 31	290,75	291,65	293,10	295,34
	Guarda-roupa Barcelona 32	242,77	243,52	244,73	246,60
	Cômoda Barcelona 40	74,57	74,80	75,17	75,75
	Criado-mudo Barcelona 11	28,80	28,89	29,03	29,24

Tabela 7.11: Novo preço de venda dos produtos da empresa Móveis "A", considerando-se a certificação e uma margem de 5% de lucro

LINHA CERTIFICADA	DESCRIÇÃO DO PRODUTO CERTIFICADO	PREÇO DE VENDA (MARGEM DE 5%)			
		SEM A CERTIFICAÇÃO	COM A CERTIFICAÇÃO		
			CENÁRIO I	CENÁRIO II	CENÁRIO III
Paris	Armário Paris 67	193,61	194,21	195,17	196,67
	Cozinha Paris 69	188,15	188,73	189,67	191,12
	Balcão Paris 63	100,75	101,06	101,57	102,33
Barcelona	Guarda-roupa Barcelona 42	378,12	379,29	381,18	384,08
	Guarda-roupa Barcelona 31	305,29	306,23	307,76	310,11
	Guarda-roupa Barcelona 32	254,91	255,70	256,97	258,93
	Cômoda Barcelona 40	78,30	78,54	78,93	79,54
	Criado-mudo Barcelona 11	30,24	30,33	30,48	30,70

Tabela 7.12: Novo preço de venda dos produtos da empresa Móveis "A", considerando--se a certificação e uma margem de 10% de lucro

LINHA CERTIFICADA	DESCRIÇÃO DO PRODUTO CERTIFICADO	PREÇO DE VENDA (MARGEM DE 10%)			
		SEM A CERTIFICAÇÃO	COM A CERTIFICAÇÃO		
			CENÁRIO I	CENÁRIO II	CENÁRIO III
Paris	Armário Paris 67	202,83	203,46	204,47	206,03
	Cozinha Paris 69	197,11	197,71	198,70	200,22
	Balcão Paris 63	105,55	105,88	106,40	107,21
Barcelona	Guarda-roupa Barcelona 42	396,12	397,35	399,33	402,37
	Guarda-roupa Barcelona 31	319,83	320,82	322,41	324,87
	Guarda-roupa Barcelona 32	267,05	267,87	269,20	271,26
	Cômoda Barcelona 40	82,03	82,28	82,29	83,33
	Criado-mudo Barcelona 11	31,68	31,78	31,93	32,16

Variações nas quantidades, sem alterar o preço de venda

Ajustes no custo médio serão necessários para que a empresa possa cobrir os custos da certificação e obter a margem de lucro que deseja. No entanto, de acordo com Alves (2005), as empresas moveleiras certificadas no Brasil não esperam a obtenção de sobrepreço na venda de seus móveis certificados, e sim a melhoria da imagem institucional da empresa (56% das empresas), abertura e/ou manutenção do mercado (22% das empresas) e aumento da demanda (11% das empresas). Assim, para não precisar alterar o preço de venda de seus produtos certificados e ter preço mais competitivo no mercado, a empresa deve procurar vender uma quantidade maior de produtos para compensar os custos da certificação de cadeia de custódia.

Na Tabela 7.13, apresenta-se a diferença entre os custos médios obtidos nos cenários I a III com o custo médio original. Ao se multiplicar as diferenças obtidas pela quantidade no ano, tem-se, como resultado, o valor monetário correspondente aos custos da certificação por produto certificado (Tabela 7.14). A divisão desse valor monetário corresponde aos custos da certificação pelo custo médio de cada produto e fornece a quantidade de produtos necessária para cobrir os custos da certificação (Tabela 7.15). Por fim, na Tabela 7.16 são apresentadas as novas quantidades necessárias para cobrir os custos da certificação. O percentual a mais necessário de cada produto, nos cenários I, II e III, deve ser de 0,31%, 0,80% e 1,57%, respectivamente. Dessa forma, a empresa não altera seu preço de venda, mantendo-se competitiva; no entanto, precisa vender maiores quantidades. Para isso, uma alternativa viável é utilizar o potencial de marketing ambiental que está implícito em uma certificação como a florestal. Com boas estratégias de marketing ambiental e utilizando-se a certificação florestal como diferencial para seu produto, as indústrias de base florestal podem atingir os consumidores mais sensíveis aos apelos sustentáveis e, com isso, alavancar suas vendas e obter lucros no mercado.

Tabela 7.13: Custo médio da certificação e seu acréscimo nos cenários I a III

LINHA CERTIFICADA	DESCRIÇÃO DO PRODUTO CERTIFICADO	CUSTO MÉDIO SEM CERTIFICAÇÃO	ACRÉSCIMO DO CUSTO MÉDIO COM A CERTIFICAÇÃO		
			CENÁRIO I	CENÁRIO II	CENÁRIO III
Paris	Armário Paris 67	184,39	0,57	1,49	2,91
	Cozinha Paris 69	179,19	0,55	1,45	2,83
	Balcão Paris 63	95,95	0,30	0,78	1,51
Barcelona	Guarda-roupa Barcelona 42	360,11	1,12	2,92	5,68
	Guarda-roupa Barcelona 31	290,75	0,90	2,35	4,59
	Guarda-roupa Barcelona 32	242,77	0,75	1,96	3,83
	Cômoda Barcelona 40	74,57	0,23	0,60	1,18
	Criado-mudo Barcelona 11	28,80	0,09	0,23	0,44

Simulação de cenários econômicos na indústria certificada | 119

Tabela 7.14: Acréscimo do custo anual gerado pela certificação, nos cenários I a III

LINHA CERTIFICADA	DESCRIÇÃO DO PRODUTO CERTIFICADO	QUANTIDADE ANUAL	ACRÉSCIMO DO CUSTO ANUAL GERADO PELA CERTIFICAÇÃO — EM DÓLARES (QUANTIDADE X DIFERENÇA DA CERTIFICAÇÃO)		
			CENÁRIO I	CENÁRIO II	CENÁRIO III
Paris	Armário Paris 67	840	478,80	1.251,60	2.444,40
	Cozinha Paris 69	5.268	2.897,40	7.638,60	14.908,44
	Balcão Paris 63	5.880	1.764,00	4.586,40	8.878,44
Barcelona	Guarda-roupa Barcelona 42	1.968	2.204,16	5.746,56	11.178,24
	Guarda-roupa Barcelona 31	6.564	5.907,60	15.425,40	30.128,76
	Guarda-roupa Barcelona 32	1.260	945,00	2.469,60	4.825,80
	Cômoda Barcelona 40	360	82,80	216,00	424,80
	Criado-mudo Barcelona 11	444	39,96	102,12	195,36

Tabela 7.15: Quantidade a ser produzida a mais para manter o mesmo preço original de venda e cobrir os custos da certificação, nos cenários I a III

LINHA CERTIFICADA	DESCRIÇÃO DO PRODUTO CERTIFICADO	CUSTO MÉDIO SEM CERTIFICAÇÃO	QUANTIDADE (ARREDONDADA) NECESSÁRIA PARA MANTER O MESMO PREÇO ORIGINAL DE VENDA — EM UNIDADES (ACRÉSCIMO DO CUSTO ANUAL GERADO PELA CERTIFICAÇÃO/ CUSTO MÉDIO SEM CERTIFICAÇÃO)		
			CENÁRIO I	CENÁRIO II	CENÁRIO III
Paris	Armário Paris 67	184,39	3	7	13
	Cozinha Paris 69	179,19	16	43	83
	Balcão Paris 63	95,95	18	48	93
Barcelona	Guarda-roupa Barcelona 42	360,11	6	16	31
	Guarda-roupa Barcelona 31	290,75	20	53	104
	Guarda-roupa Barcelona 32	242,77	4	10	20
	Cômoda Barcelona 40	74,57	1	3	6
	Criado-mudo Barcelona 11	28,80	1	4	7
	Total		**70**	**185**	**356**

Tabela 7.16: Quantidade necessária para cobrir os custos da certificação, nos cenários I a III

LINHA CERTIFICADA	DESCRIÇÃO DO PRODUTO CERTIFICADO	QUANTIDADE ANUAL	QUANTIDADE NECESSÁRIA PARA COBRIR O CUSTO DA CERTIFICAÇÃO — EM UNIDADES (QUANTIDADE INICIAL + ACRÉSCIMO DE CADA CENÁRIO)		
			CENÁRIO I	CENÁRIO II	CENÁRIO III
Paris	Armário Paris 67	840	843	847	853
	Cozinha Paris 69	5.268	5284	5311	5351
	Balcão Paris 63	5.880	5898	5928	5973
Barcelona	Guarda-roupa Barcelona 42	1.968	1974	1984	1999
	Guarda-roupa Barcelona 31	6.564	6584	6617	6668
	Guarda-roupa Barcelona 32	1.260	1264	1270	1280
	Cômoda Barcelona 40	360	361	363	366
	Criado-mudo Barcelona 11	444	445	448	451

ASPECTOS IMPORTANTES A SEREM OBSERVADOS PELAS EMPRESAS QUE DESEJAM OBTER A CERTIFICAÇÃO FLORESTAL

Alguns aspectos importantes devem ser observados pelas empresas moveleiras que desejam obter a certificação florestal e que forem utilizar o cenário proposto como instrumento de tomada de decisão.

Os custos de preparação dependem do estágio de organização da empresa. Quanto mais organizada a empresa for internamente, menor será esse custo.

Os custos da certificação de cadeia de custódia são considerados pequenos em comparação aos custos gerais de fabricação dos produtos.

Verifica-se que o aumento nos preços de venda dos produtos certificados para manter a mesma quantidade pode ser repassado ao consumidor. No exemplo apresentado, o percentual ficou em 0,31%, 0,80%, e 1,57%, de acordo com os cenários I, II e III, respectivamente.

Observa-se que a quantidade extra a ser produzida (e vendida) para manter o mesmo preço original de venda e cobrir os custos da certificação é considerada pequena, evidenciando-se que a empresa pode internalizar, com relativa facilidade, os custos da certificação de cadeia de custódia.

Para alavancar a quantidade de produtos certificados vendidos, além do número mínimo necessário para cobrir seus custos, a empresa pode utilizar a certificação florestal como instrumento de marketing ambiental, diferenciando seu produto e melhorando sua imagem no mercado.

Os cenários apresentados no presente capítulo foram elaborados a partir de um caso específico de uma empresa moveleira. Contudo, esse exemplo pode auxiliar as empresas interessadas no selo verde a terem uma melhor noção do impacto da certificação sobre o custo de seus produtos. Para isso, é necessário que cada empresa estabeleça os cenários que mais se aproximem de sua realidade e, assim, obter análises mais precisas e que lhe auxiliem na tomada de decisão.

EXERCÍCIOS

1) Por que a utilização de métodos de avaliação de projetos pode contribuir para avaliar a viabilidade econômica da certificação florestal?

2) Qual é a importância da definição de cenários econômicos distintos para a tomada de decisão do empresário que busca a certificação de cadeia de custódia para sua organização?

3) Por que o texto considera que os custos de preparação e de manutenção representam os custos "mais visíveis" da certificação de cadeia de custódia?

4) É possível construir cenários econômicos diferentes dos apresentados no estudo de caso? Quais novas possibilidades de cenários econômicos você proporia para o estudo apresentado?

5) O texto apresenta duas simulações dos cenários econômicos estudados: "variações no preço de venda, sem alterar a quantidade" e "variações na quantidade, sem alterar o preço de venda". Discuta as vantagens e desvantagens da adoção de cada uma pela empresa certificada.

Considerações finais

As empresas são capazes de incorporar a variável meio ambiente em suas estratégias de marketing como forma de oferecer produtos de maior valor aos consumidores e também à sociedade. Além de dar retorno financeiro, tratar das questões ambientais com seriedade será a única maneira de sobrevivência para as empresas em um futuro não tão distante, em virtude da escassez de diversos tipos de matérias-primas e também às pressões relacionadas ao meio ambiente ocorridas nas últimas décadas.

Particularmente para as indústrias de base florestal, o uso de instrumento de cunho ambiental, como a certificação florestal, mostrou-se estar alinhada com as estratégias de marketing ambiental e ser uma forma de melhoria da imagem institucional perante os *stakeholders*. Entretanto, as atividades ligadas ao meio ambiente precisam incorporar conceitos advindos da área da administração e ser opção viável para o empresário. Por isso, é fundamental que ele tenha noção do impacto gerado pela certificação no custo de seus produtos e, a partir daí, traçar as diversas possibilidades de se explorar o marketing ambiental associado ao selo verde.

Além disso, é necessário criar estratégias que possam conciliar interesses ambientais com os interesses das empresas e, nesse quesito, a certificação florestal tem mostrado sua importância. Os produtos certificados tem a particularidade de sinalizar os aspectos de sua "qualidade ambiental", a exemplo das marcas que tem a preocupação de sinalizar aspectos como tradição, confiança, funcionalidade, desempenho, entre outros, contribuindo para auxiliar o consumidor na escolha dos produtos.

O crescimento na oferta de produtos certificados mostra que mais empresas têm percebido a importância de mostrar seu compromisso para com o meio ambiente. Esse compromisso, no entanto, precisa fazer parte das estratégias empresariais. As organizações devem promover a "diferenciação verde" de seu produto certificado em relação ao produto convencional e, no caso das pioneiras, precisam demonstrar aspectos ambientais relevantes de seu produto para o consumidor.

As empresas devem visualizar o produto certificado como possibilidade de abertura ou manutenção de mercado, possibilidade de sobrepreços, melhoria da imagem institucional, resposta às exigências dos *stakeholders*, entre outros.

Por fim, a fabricação e comercialização de produtos "mais verdes" fazem com que as empresas cumpram o seu papel na sociedade ao gerar bens e serviços utilizando o mínimo possível de recursos.

Referências

[ABIMÓVEL] ASSOCIAÇÃO BRASILEIRA DAS INDÚSTRIAS DO MOBILIÁRIO. *Panorama do setor moveleiro no Brasil*. São Paulo: 2006. 17p.

ALMEIDA, F. *Os desafios da sustentabilidade – uma ruptura urgente*. Rio de Janeiro: Elsevier Campus, 2007. 280p.

_____. *Experiências empresariais em sustentabilidade – avanços, dificuldades e motivações de gestores e empresas*. Rio de Janeiro: Elsevier Campus, 2009. 228p.

ALVES, R.R. *A certificação florestal na indústria moveleira nacional com ênfase no Polo de Ubá, MG.*Viçosa, 2005. 112f. Dissertação (Mestrado em Ciência Florestal). Universidade Federal de Viçosa.

_____. *Marketing, estratégia competitiva e viabilidade econômica para produtos com certificação de cadeia de custódia na indústria moveleira.*Viçosa, 2010. 352f. Tese (Doutorado em Ciência Florestal). Universidade Federal de Viçosa.

_____. Plantações florestais e a proteção de florestas nativas em unidades de manejo certificadas no Brasil. *Revista Árvore*. Viçosa, v. 35, n. 4, p. 859-866, 2011a.

ALVES, R.R.; JACOVINE, L.A.G. *Marketing verde – estratégias para o desenvolvimento da qualidade ambiental nos produtos*. Jundiaí: Paco Editorial, 2014. 208p.

ALVES, R.R.; JACOVINE, L.A.G.; EINLOFT, R. Certificação florestal na Região Amazônica. *Revista da Madeira*. Curitiba, v. 120, p. 62-65, 15 ago. 2009a.

ALVES, R.R.; JACOVINE, L.A.G.; SILVA, M.L.; et al. Certificação florestal e o mercado moveleiro nacional. *Revista Árvore*. Viçosa, v. 33, n. 3, p. 583-589, 2009b.

ALVES, R.R.; JACOVINE, L.A.G.; CYRILLO, F.S.; et al. Percepção sobre o uso de madeira reflorestada nos móveis pelos consumidores do Polo de Ubá, MG. *Revista Floresta*. Curitiba, v. 39, n. 3, p. 659-667, 2009c.

ALVES, R.R.; JACOVINE, L.A.G.; PIRES, V.A.V.; et al. Certificação florestal e o consumidor final: um estudo no polo moveleiro de Ubá, MG. *Revista Floresta e Ambiente*. Seropédica, v. 16, n. 2, p. 35-41, 2009d.

ALVES, R.R.; JACOVINE, L.A.G.; NARDELLI, A.M.B.; et al. *Consumo verde – estratégia e vantagem competitiva*. Viçosa: UFV, 2011b. 134p.

_____. *Empresas verdes – estratégia e vantagem competitiva*. Viçosa: UFV, 2011c. 194p.

ALVES, R.R.; JACOVINE, L.A.G.; BASSO, V.M.; et al. Plantações florestais e a proteção de florestas nativas em unidades de manejo certificadas na América do Sul pelos sistemas FSC e PEFC. *Revista Floresta*. Curitiba, v. 41, n. 1, p. 145-152, 2011d.

BARBIERI, J.C. *Gestão ambiental empresarial – Conceitos, modelos e instrumentos*. São Paulo: Saraiva, 2011. 358p.

BARBIERI, J.C.; CAJAZEIRA, J.E.R. *Responsabilidade social empresarial e empresa sustentável – da teoria à prática*. São Paulo: Saraiva, 2012. 254p.

DIAS, R. *Gestão ambiental – responsabilidade social e sustentabilidade*. São Paulo: Atlas, 2007. 196p.

DONAIRE, D. *Gestão ambiental na empresa*. São Paulo: Atlas, 1999. 169p.

[FSC] FOREST STEWARDSHIP COUNCIL. Disponível em: <http://www.fsc.org>. Acesso em: 12 out. 2013a.

_____. Disponível em: <http://www.fsc-info.org>. Acesso em: 12 out. 2013b.

FSC STANDARD. *Standard for Company Evaluation of FSC Controlled Wood – FSC-STD-40-005" (Version 2-1)*. Bonn: Forest Stewardship Council, 2006. 28p.

FSC STANDARD. *ADDENDUM to FSC Standard – FSC-STD-40-004 – FSC Species Terminology – FSC-STD-40-004b" (Version 1-0)*. Bonn: Forest Stewardship Council, 2007a. 25p.

_____. *ADDENDUM to FSC Standard – FSC-STD-40-004 – FSC Product Classification – FSC-STD-40-004a" (Version 1-0)* . Bonn: Forest Stewardship Council, 2007b. 10p.

_____. *FSC On-Product Labeling Requirements – FSC-STD-40-201" (Version 2-0)*. Bonn: Forest Stewardship Council, 2007c. 23p.

_____. *FSC Standard for Chain of Custody Certification – FSC-STD-40-004" (Version 2-0)*. Bonn: Forest Stewardship Council, 2008. 26p.

GORINI, A.P.F. *Panorama do setor moveleiro no Brasil, com ênfase na competitividade externa a partir do desenvolvimento da cadeia industrial de produtos sólidos de madeira*. São Paulo: BNDES, 1999. 48p.

GREENPEACE. *Face a face com a destruição.* São Paulo: Greenpeace Brasil, 1999. 32p.

HIGMAN, S.; MAYERS, J.; BASS, S.; et al. *The sustainable forestry handbook.* Londres: Earthscan, 2005. 332p.

[ITTO] INTERNATIONAL TROPICAL TIMBER ORGANIZATION. *Tropical forest update.* v. 3. Yokohama: ITTO, 2002. 32p.

JACOVINE, L.A.G.; ALVES, R.R.; VALVERDE, S.R.; et al. Processo de implementação da certificação florestal nas empresas moveleiras nacionais. *Revista Árvore.* Viçosa, v. 30, n. 6, p. 961-968, 2006.

MACHADO, R.T.M. *Rastreabilidade, tecnologia da informação e coordenação de sistemas agroindustriais.* São Paulo, 2000. 224f. Tese (Doutorado em Administração). Universidade de São Paulo.

[MOVERGS] ASSOCIAÇÃO DAS INDÚSTRIAS DE MÓVEIS DO ESTADO DO RIO GRANDE DO SUL. *Setor moveleiro: panorama Brasil e RS.* Disponível em: <http://www.movergs.com.br>. Acesso em: 24 maio 2012.

NARDELLI, A.M.B. *Sistemas de certificação e visão de sustentabilidade no setor florestal brasileiro.* Viçosa, 2001. 136f. Tese (Doutorado em Ciência Florestal). Universidade Federal de Viçosa.

NASCIMENTO, L.F.; LEMOS, A.D.C.; MELLO, M.C.A. *Gestão socioambiental estratégica.* Porto Alegre: Bookman, 2008. 229p.

NUSSBAUM, R.; SIMULA, M. *The forest certification handbook.* Londres: Earthscan, 2005. 300p.

OLIVEIRA, J.A.P. *Empresas na sociedade – sustentabilidade e responsabilidade social.* Rio de Janeiro: Elsevier Campus, 2008. 240p.

[PEFC] PROGRAMME FOR THE ENDORSEMENT OF FOREST CERTIFICATION SCHEMES. Disponível em: <http://www.pefc.org>. Acesso em: 12 out. 2013.

POLONSKY, M.J. An introduction to green marketing. *Electronic Green Journal.* Los Angeles, v. 1, n. 2, p. 1-10, 1994.

REZENDE, J.L.P.; OLIVEIRA, A.D. *Análise econômica e social de projetos florestais.* Viçosa: UFV, 2008. 386p.

ROCHA, J.M.; CANES, S.E.P.; ALVES, R.R. O dilema ambiental contemporâneo e as novas exigências ao profissional de gestão nas organizações. In: GUIMARÃES, J.C.F.; ALVARENGA, L.F.C. (Orgs.). *Inovação e sustentabilidade: desafios da educação.* Caxias do Sul: Faculdade da Serra Gaúcha, 2013, p. 116-134.

[SEBRAE] SERVIÇO BRASILEIRO DE APOIO ÀS MICRO E PEQUENAS EMPRESAS. Disponível em: <http://www.sebrae.com.br>. Acesso em: 7 maio 2012.

SUITER FILHO, W. Certificação florestal: ferramenta para múltiplas soluções. *Revista Ação Ambiental*. v. 3, n.13, p. 16-18, 2000.

VALENÇA, A.C.V.; PAMPLONA, L.M.P.; SOUTO, S.W. Os novos desafios para a indústria moveleira no Brasil. *BNDES setorial*. Rio de Janeiro, n. 15, p. 83-96, 2002.

VELOSO, L.H.M. Responsabilidade social empresarial: a fundamentação na ética e na explicitação de princípios e valores. In: ASHLEY, P.A. (Org.). *Ética e responsabilidade social nos negócios*. 2.ed. São Paulo: Saraiva, 2005, p. 2-13.

Índice remissivo

A

ABNT 14
Auditoria de certificação de cadeia de custódia 82
Auditorias internas 51
Avaliação principal 96

B

Bom manejo 12

C

Canadian Standards Association (CSA) 14
Cenários econômicos 104
Cerflor 14
Certificação de cadeia de custódia 18
Certificação do manejo florestal 18
Certificação florestal 11, 13, 18, 23, 25, 26, 35, 45, 85, 120
  modalidades de 18
  na indústria 35, 45
  na indústria moveleira 25, 26
  no setor industrial 23
Certificação FSC 15, 16

Certificações de cunho ambiental 8
Comitê de cadeia de custódia 41
Conservação das florestas 20
Controle dos fatores de conversão 79
Custo básico da certificação 104
Custo(s) da certificação 101, 107
Custo da hora de trabalho 92
Custo de contratação da auditoria 92, 96
Custo de manutenção 92, 99
Custo de preparação 92, 93, 95
Custo intermediário da certificação 106
Custos da certificação florestal 91

E

Empregados-chave 55
Estratégia 5
Estratégia competitiva 7, 28, 30

F

Fatores de conversão 43, 79
FSC 13, 17, 18, 19
FSC Controlled Wood 57

I

Imagem institucional 25
Indústria moveleira 23, 24
Inmetro 14

L

Lavagem verde (*greenwashing*) 8
Licenciamento ambiental 46

M

Madeira certificada 28
Malaysian Timber Certification Council (MTCC) 14
Manual de cadeia de custódia 36, 46
Marketing ambiental 83
Material certificado 42, 72
Material de origem controlada 42, 72
Matéria-prima de origem controlada 38
Matérias-primas certificadas 37
MDF 47
MDP 47
Mercado verde 3

Métodos de avaliação de projetos 101
Móveis certificados 28

N

Não conformidades 83

O

Ordem de produção (OP) 56

P

Padrões de mercado 26
PEFC 13, 17, 18, 19
Plano de ação 83
Política de cadeia de custódia 41
Política para aquisição de madeira controlada 41
Pontos críticos 52
Procedimento operacional (PO) 55
Procedimentos auxiliares 58
Procedimentos de rastreabilidade 57
Procedimentos operacionais 42
Produtos convencionais 5
Produtos verdes 5, 6
Programme for the Endorsement of Forest Certification Schemes (PEFC) 14

Q

Qualidade ambiental 8, 9

R

Rastreabilidade 25, 56
Relatório de baixa de certificação 77, 78
Relatório de crédito gerado pela OP 76
Relatório de necessidade de matéria-prima total por OP 81
Relatório de saída de chapas por OP 80
Responsabilidade da alta direção 40
Responsabilidade social e ambiental 3
Responsabilidade social empresarial (RSE) 4

S

Selo verde 12
Selos ambientais 8
Sistema Chileno de Certificación de Manejo (Certfor) 14
Sistema de controle 42
Sistema de créditos 50
Sistema de transferência 50
Stakeholders 12
Sustainable Forestry Initiative (SFI) 14

T

Trabalhadores-chave 52

V

Valor presente líquido (VPL) 102
Viabilidade econômica 102

A Editora Manole utilizou papéis provenientes de fontes controladas e com certificado FSC® (Forest Stewardship Council®) para a impressão deste livro. Essa prática faz parte das políticas de responsabilidade socioambiental da empresa.

A Certificação FSC garante que uma matéria-prima florestal provenha de um manejo considerado social, ambiental e economicamente adequado, além de outras fontes controladas.